HAPPY WORK
LIKE A BEE

快乐工作的蜜蜂法则

姜正成◎编著

中华工商联合出版社

图书在版编目(CIP)数据

快乐工作的蜜蜂法则 / 姜正成编著. -- 北京 : 中华工商联合出版社，2018.7

ISBN 978-7-5158-2292-1

Ⅰ. ①快… Ⅱ. ①姜… Ⅲ. ①成功心理 – 通俗读物 Ⅳ. ①B848.4–49

中国版本图书馆CIP数据核字(2018)第087399号

快乐工作的蜜蜂法则

作　　者：姜正成
策划编辑：胡小英
责任编辑：李　健
封面设计：张红涛
责任审读：郭敬梅
责任印制：迈致红
出版发行：中华工商联合出版社有限责任公司
印　　刷：北京毅峰迅捷印刷有限公司
版　　次：2019年1月第1版
印　　次：2019年1月第1次印刷
开　　本：710mm×1020mm　1/16
字　　数：192千字
印　　张：16.5
书　　号：ISBN 978-7-5158-2292-1
定　　价：49.80元

服务热线：010–58301130
销售热线：010–58302813
地址邮编：北京市西城区西环广场A座
19–20层，100044
http://www.chgslcbs.cn
E-mail: cicap1202@sina.com(营销中心)
E-mail: gslzbs@sina.com(总编室)

前言

蜜蜂属膜翅目、蜜蜂科。它们是会飞行的群居昆虫，采食花粉和花蜜并酿造蜂蜜，体长20毫米左右，黄褐色或黑褐色，生有密毛。蜜蜂，一生要经过卵、幼虫、蛹和成虫四个时期。

在蜜蜂社会里，它们过着一种母系氏族的生活。在它们这个群体大家族的成员中，有一个蜂王，它是具有生殖能力的雌蜂，负责产卵繁殖后代，同时“统治”这个大家族。大多数工蜂每天认真、辛勤地工作。

人们常说蜜蜂是工作的能手，同时它们也被美称为辛勤的小蜜蜂，一直是工作人士学习的楷模。学习蜜蜂、像蜜蜂那样工作曾一度成为时代的潮流。像蜜蜂那样工作，应该要怎样做呢？

第一，我们要锁定工作目标。目标是成功的关键，只有确定有效的工作目标，我们才会有确定的工作方向，并抓住所设目标持之以恒地坚持下去，永不放弃。

第二，蜜蜂最大的特点是勤奋，它们仿佛永远都是忙忙碌碌，毫不停歇。勤奋是高效之源，在工作中我们要牢记“早起的鸟儿有虫吃”这句至理名言，用勤奋的工作态度创造属于自己的幸福生活。

第三，要勇于负责，在工作中尤为重要。勇于负责的人，绝不会随便推卸责任，他们把责任感视为一种道德的体现。在工作中，“责任”并不是口头上的两个字，需要我们切实地把它落实到工作中去。责任感是成功的保证，没有责任感何谈成功？因此，做工作一定要尽心尽力，尽职尽责，把责任落到实处。

第四，认真工作是一种态度。工作无小事，把每一件工作都认真且持之以恒地做好才能成就大事业。认真工作需要我们灵活用脑，运

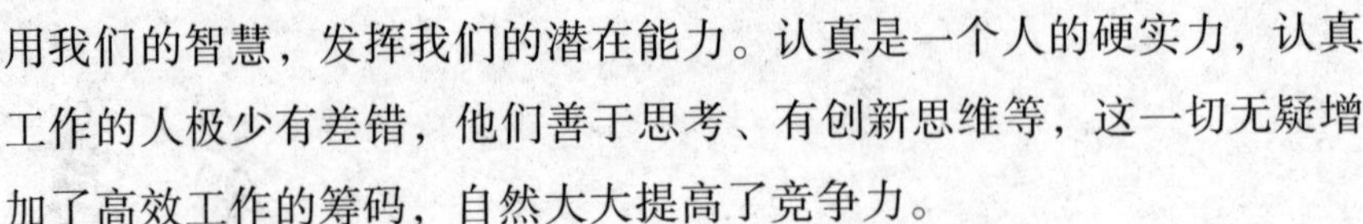

用我们的智慧，发挥我们的潜在能力。认真是一个人的硬实力，认真工作的人极少有差错，他们善于思考、有创新思维等，这一切无疑增加了高效工作的筹码，自然大大提高了竞争力。

第五，要忠于职守，爱岗敬业。忠于自己的岗位是一个人的立业之本，我们做不到“爱一行，干一行”，但是要做到“干一行，爱一行”。养成敬业的习惯，将让你受益良多。爱岗敬业要从小事做起，积极主动地工作，不小瞧自己的工作。

第六，众人拾柴火焰高，团队的力量是无穷的。一个人无论如何优秀，他的能力也是有限的。团队是个人成功的基石，一个人只有融入集体，和集体互惠互利才能有更好的发展空间。在一个企业，要秉承一个“要团队，不要团伙”的原则，团队代表广大员工的利益，而团伙只代表极少数人的利益。企业是一个大集体，只有大家齐心协力才能共赢。

第七，努力提高工作效率。当今时代竞争十分激烈，各种工作都追求高效率、高品质。效率至上已成为时代主流，效率低下的员工面临着被淘汰的危险。如何提高工作效率，已经受到越来越多的人的重视。提高效率就要抓住工作的关键，统筹并有条理地工作，效率自然就提高了。

第八，要遵守规章制度。俗话说“没有规矩，不成方圆”，一个企业的规章制度是其正常运转的基础，没有纪律，没有制度，一切都会毁灭。制度的制订是企业规范化的开始，但最重要的是制度的实施，只制订不实施，制度就是一纸空文。制度实施的目的就是要所有员工都去遵守，只有遵守制度的团队才是一流的团队。

第九，要快乐工作，这也是工作最重要的目的。工作是我们的快乐使命，我们为何不乐在其中呢？

本书内容通俗易懂，文字轻松有趣，毫无说教意味，是新时代的职场人士不可错过的行为指南和必读经典。

目录

蜜蜂法则一

锁定目标，千难万险不动摇

目标是一个人前进的方向，目标对一个人的人生有巨大的导向性作用。一个人只有选准目标，选准方向，才能抓住成功的起点。对工作而言，设定一个有效的工作目标是至关重要的，没有目标的工作，永远不会有绩效，就好像没有航向的船，永远达不到目的地一样。工作要有目标，并且要持之以恒，无论遇到什么困难，都要坚持不动摇。

选准方向，抓住成功的起点 …… 2

确定有效的工作目标 …… 6

制订好计划是靠近目标的第一步 …… 9

锁定目标，设定方向 …… 13

看准目标，立即行动 …… 17

确定目标，永不放弃 …… 21

蜜蜂法则二

勤奋不息，勤勤恳恳创佳绩

“勤”为无价之宝，“慎”为护身之符。蜜蜂因夏天勤劳才能冬天食蜜。勤奋工作才能创造属于自己的幸福生活。俗话说“早起的鸟儿有虫吃”，只有勤奋工作才会收获更多，创造更多。人生的价值在于勤奋工作，勤奋工作能够创造高效的业绩，创造成功的人生。

勤奋是高效之源 …… 28

早起的鸟儿有虫吃 …… 31

勤奋工作，幸福生活 …… 35

人生的价值在于勤奋工作 …… 39

懒惰是成功的天敌 …… 44

不为懒惰找借口 …… 48

蜜蜂法则三

勇于负责，拒绝推诿担重任

对责任的理解通常可以分为两种意义。一是指分内应做的事，如职责、责任等。二是指没有做好自己工作，而应承担的不利后果或强制性义务。在工作中我们一般所说的责任是指第一种，即我们分内应做的事。当我们需要承担这些分内事的时候，切不可推脱。责任感是道德的一种体现，无责任感的人何谈道德？请重视责任，勇于承担责任吧！

切不可随便推卸责任 …… 54
把责任感落实到工作中 …… 58
责任感是成功的保证 …… 61
生命的意义在于责任 …… 66
尽心尽力，尽职尽责 …… 71
责任胜于能力 …… 74
在其位，要谋其事 …… 78

蜜蜂法则四

认真工作，一丝不苟功效高

认真工作是一种态度，工作无小事，认真对待每一项工作。只有认真并坚持不懈的人才能取得事业上的成功。认真工作需要灵活运用我们的大脑，学会思考的人才能称得上是认真的人。认真工作的人是注重细节的人，细节决定成败，把细节做好的人才能够真正成为成功的人。

工作无小事 …… 84
灵活用脑才叫认真 …… 88
做个注重细节的有心人 …… 92

认真工作，杜绝差错 …… 96
认真是一种硬实力 …… 100
找借口就是不认真 …… 104

蜜蜂法则五

忠于职守，爱岗敬业亲如家

有人说："企业与员工就像恋人，相互理解才能相互沟通，并相互成长。"持有这种态度的员工，正是爱岗敬业、爱企如家的优秀员工。敬业的人才能对工作更加精益求精，力求做到尽善尽美，他们会成为各自领域里的行家、能手。这种员工深知爱岗敬业、忠于职守比能力更重要，他们积极主动地工作，为企业、为个人创造最大的利益。

忠诚比能力更重要 …… 110
忠诚是立业之本 …… 114
干一行，爱一行 …… 118
养成敬业的习惯 …… 123
爱岗敬业，从小事做起 …… 128
敬业，让你受益良多 …… 132

蜜蜂法则六

团队合作，齐心协力创共赢

俗话说：“三个臭皮匠，顶个诸葛亮。”一个人无论如何优秀，他的能力也是有限的，也有力所不及的事情。而一个团队，就算每个人的资质都很平庸，但只要通过团结协作，就一定可以出色地完成任务。团队是个人成功的基石，只有每一个人融入集体，通力合作，才能创造共赢。

众人拾柴火焰高 …… 138

誓与集体同进退 …… 143

团队是个人成功的基石 …… 147

融入团队，真诚对人 …… 152

把企业的利益放在首位 …… 156

互惠互利，共同发展 …… 161

要团队，不要团伙 …… 165

蜜蜂法则七

效率至上，事半功倍成效高

在社会激烈的竞争形势下，“效率至上”已成为很多企业的最高宗旨，同时也是很多员工一直秉承的宗旨。提高效率就要改变传统的工作方式，创新工作方法，以新的创意高效完成工作。

在竞争的社会中如何提高工作效率，是每个员工都要面临的重要人生课题，优秀的员工只有通过提高工作效率，才能在竞争中立于不败之地。

效率低下，要不得 …… 172
提高效率，成就卓越 …… 176
抓住关键，提高效率 …… 180
不找借口，找方法 …… 185
提高效率就是节约成本 …… 189
有条理就会有效率 …… 193
创新工作方法，提高工作效率 …… 199

蜜蜂法则八

严守制度，不设规矩无方圆

俗话说："没有规矩，不成方圆。"制度是实现管理目的的手段，是推进企业管理流程的基本工具，是规范有效管理的前提。制度的制订与实施，是一条潜流于组织整个运行体系中隐形的手，左右着这个组织的生存与发展，决定着其实力的强弱。而严格遵守制度是提高工作成效的一个重要因素。

没有纪律一切都会毁灭 …… 204
权力绝不可以超越制度 …… 208

让遵守纪律成为一种习惯 …………………………… 212

遵守制度打造一流团队 …………………………… 216

企业成功离不开制度 …………………………… 220

制度面前人人平等 …………………………… 224

蜜蜂法则九

快乐工作，万千烦恼皆抛下

在工作中，有的人每天愁眉苦脸，讨厌手中所做的工作，视其为惩罚，于是他们的人生就是一场漫长难熬的苦役。而有的人每天欢欢喜喜，热爱他们所做的一切，视其为享受，于是，他们的生命就是一支悠扬动听的歌谣。烦恼是自找的，快乐也是。快乐与否，要看自己的选择，你选择了快乐，你的人生就充满了快乐的音符。

工作是上天赋予的快乐使命 …………………………… 230

好生活源于好好工作 …………………………… 234

乐观是一种态度 …………………………… 239

烦恼只是庸人自扰 …………………………… 242

把工作当成一种乐趣 …………………………… 245

烦恼是自找的，快乐也是 …………………………… 249

蜜蜂法则一

锁定目标，千难万险不动摇

目标是一个人前进的方向，目标对一个人的人生有巨大的导向作用。一个人只有选准目标，选准方向，才能抓住成功的起点。对工作而言，设定一个有效的工作目标是至关重要的，没有目标的工作，永远不会有绩效，就好像没有航向的船，永远达不到目的地一样。工作要有目标，并且要持之以恒，无论遇到什么困难，都要坚持不动摇。

选准方向，抓住成功的起点

我们想要在工作中获得成功，仅有热情和努力是远远不够的，还要选准成功的方向。只有朝着明确的方向努力，才能找到希望的绿洲。

影响人的因素很多，出身、性别、性格、婚姻、职业等都可能影响一个人一生的幸福，这其中有的是不可选择的，比如出身、性别等；有的是很难改造的，比如性格；有的却是完全可以靠自己把握的，比如婚姻、职业。正因为婚姻与职业是可以后天把握的东西，所以才有“男怕入错行，女怕嫁错郎”之说。同时也正是出于这样的原因，我们才有了选择，选择的结果无非就是好与不好，最关键的一点就是选准方向，找对起跑线。

有时事情本身做得好不好并不重要，重要的是你是否选准了方向。方向在人的一生中，所起的作用至关重要。选对了事半功倍，选错了则事倍功半。选准方向会让我们在人生的道路上少走许多的弯路。

在这个世界上，人与人之间差别很小，成就却有天壤之别。有的人谈笑之间功成名就，事业顺风顺水；有的人则始终在原地打转，人生的各个方面都难有突破。这其中的重要原因就在于自己的人生方向选择的差异。

李斯出生于战国末期，是楚国上蔡（今河南省上蔡县西）人，少年时家境不太宽裕，年轻时曾经做过掌管文书的小官。至于他的性格为人，司马迁在《史记·李斯列传》中插叙了一件小

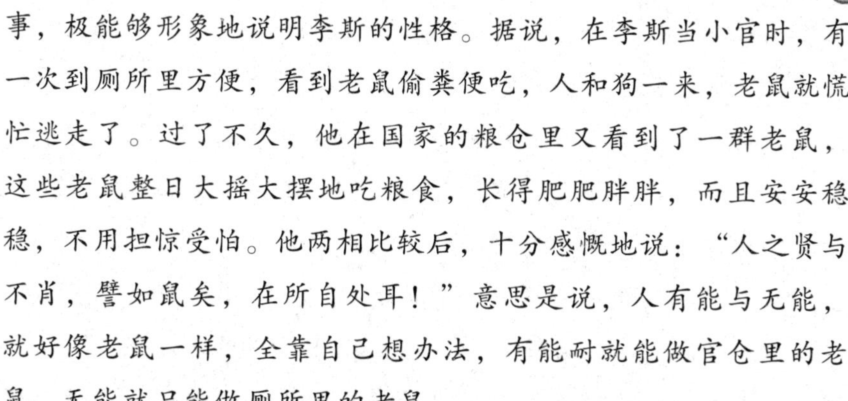

事，极能够形象地说明李斯的性格。据说，在李斯当小官时，有一次到厕所里方便，看到老鼠偷粪便吃，人和狗一来，老鼠就慌忙逃走了。过了不久，他在国家的粮仓里又看到了一群老鼠，这些老鼠整日大摇大摆地吃粮食，长得肥肥胖胖，而且安安稳稳，不用担惊受怕。他两相比较后，十分感慨地说："人之贤与不肖，譬如鼠矣，在所自处耳！"意思是说，人有能与无能，就好像老鼠一样，全靠自己想办法，有能耐就能做官仓里的老鼠，无能就只能做厕所里的老鼠。

为了不做"厕所里的老鼠"，为了求得荣华富贵，李斯辞去了小吏职务，前往齐国，去拜当时著名的儒学大师荀子为师。荀子虽是继承了孔子的儒学思想，也打着孔子的旗号讲学，但他对儒学进行了较大的改造，较少宣扬传统儒学的"仁政"主张，多了些"法治"的思想，这很适合李斯的胃口。李斯十分勤奋，同荀子一起研究"帝王之术"，即怎样治理国家、怎样当官的学问，学成之后，他便辞别荀子，到秦国去了。

荀子问他为什么要到秦国去，李斯回答说：人生在世，贫贱是最大的耻辱，穷困是最大的悲哀，要想出人头地，就必须干出一番事业来。齐王萎靡不振，楚国也无所作为，只有秦王正雄心勃勃，准备兼并齐、楚，统一天下，因此，那里是寻找机会、成就事业的好地方。如果还在齐、楚两国，不久即成亡国之民，能有什么前途呢？所以，我要到秦国去寻找适合我个人的机会。

荀子同意李斯前往秦国入仕，但他告诫李斯要注意节制，在成功之际想想"物忌太盛"的话，不要一味地往前走，必要的时候要给自己留条后路。

李斯来到秦国，投到极受太后倚重的丞相吕不韦门下，很快就以自己的才干得到了吕不韦的器重，当上了小官。官虽不大，

但有接近秦王的机会，仅此一点，就足够了。之后，李斯认为，处在现在的位置，既不能以军功而显，亦不能以理政见长，要想崭露头角，引起秦王的注意，唯一的方法就是上书。他在揣摸了秦王的心理、分析了当时的形势后，毅然给秦王上书说：凡是能干成事业的人，全是能够把握机遇的人。过去秦穆公时代国势很盛，但总是无法统一中国，其原因有二：一是当时周天子势力还强，威望还在，不易推翻；二是当时诸侯国力量还较强大，与秦国相比，差距尚未拉开。不过从秦孝公以后，周天子的力量急剧衰落，各诸侯间战争不断，秦国已经趁机强大起来了。现在秦国国势强盛，大王贤德，扫平六国真是如掸灰尘，正是建立帝业、统一天下的绝好时机，大王千万不可错过了。

这些话既符合秦国及各诸侯国的实际情况，又迎合了秦王的心理，所以赢得了秦王的赏识，李斯被提拔为长史。接着，李斯不仅在大政方针上为秦王出谋划策，还在具体方案上提出意见，他劝秦王拿出财物，重贿六国君臣，使他们离心离德，不能合力抗秦，以便各个击破。这一谋略卓有成效，李斯因而被秦王封为客卿。李斯在秦国开始崛起了，后来终于做到丞相的高位。

李斯受到茅厕和粮仓里老鼠的不同际遇的启发，确定了自己的人生方向，那就是要做“粮仓里的那只老鼠”，要寻找自己的最佳位置。一个人要想有所建树，有所成就，就要先选准方向，然后要敢于锻炼自己，敢于承担责任，勇于独当一面，敢为人先，有战胜一切艰难险阻的决心，敢于排除前进道路上的一切障碍。心中只有一种信念：别人能做的，你也能做到；别人做不到的，你还能做到。

那么，怎样选准自己的方向呢？具体应该怎么做呢？

第一，应该做好自己的职业规划。找到一份工作也许是一件容易的事，但是要想找到一个适合自己并能不断得到发展的职业，可能就要复

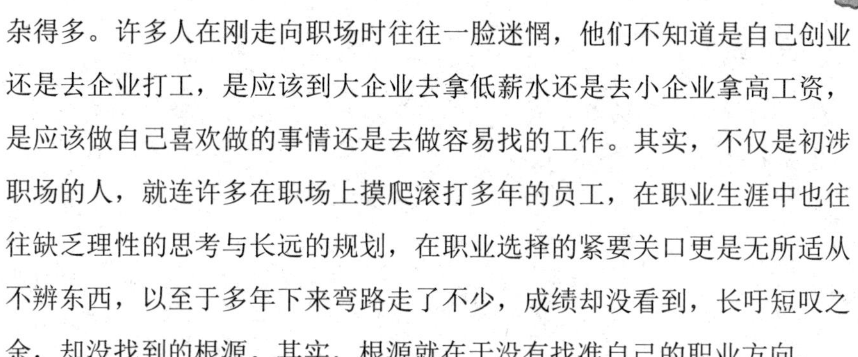

杂得多。许多人在刚走向职场时往往一脸迷惘，他们不知道是自己创业还是去企业打工，是应该到大企业去拿低薪水还是去小企业拿高工资，是应该做自己喜欢做的事情还是去做容易找的工作。其实，不仅是初涉职场的人，就连许多在职场上摸爬滚打多年的员工，在职业生涯中也往往缺乏理性的思考与长远的规划，在职业选择的紧要关口更是无所适从不辨东西，以至于多年下来弯路走了不少，成绩却没看到，长吁短叹之余，却没找到的根源。其实，根源就在于没有找准自己的职业方向。

第二，工作之余要做好反省和规划。很多职场中人似乎都很忙碌，似乎都没有时间认真地总结自己、规划自己——这种情况是非常糟糕的，因为进步恰恰存在于不断地自我总结和规划当中——当我们无法真正地总结自己、规划自己的时候，我们就很难取得进步。

也许你正忙着制订部门发展规划或所在职位的工作计划，你是否想过为自己的职业生涯做一份计划呢?

职业生涯（或者你也可以理解成事业生涯），是指一个人一生连续从事的工作职业的发展道路。职业生涯设计要求你根据自身的兴趣、特点，将自己定位在一个最能发挥自己长处的位置，可以最大限度地实现自我价值。一个职业目标与生活目标相一致的人是幸福的，职业生涯设实质上是追求最佳职业目标的过程。

制定自己的职业目标并没有想象的那么难，只要考虑一下你希望在多少年之内达到什么目标，然后一步一步往回算就可以了。目标的设定要以自己的最佳才能、最优性格、最大兴趣、最有利的环境等信息为依据。通常，目标分为短期目标、中期目标和长期目标。确立目标是制定职业生涯规划的关键，有效的生涯设计需要切实可行的目标，以便排除不必要的犹豫和干扰，全心致力于目标的实现。

蜜蜂小语

蜜蜂以群体为单位，它们首先选准方向，选定地点，然后共同去采集花蜜，其工作有条理、有秩序。

确定有效的工作目标

有目标才有结果，目标能够激发我们的潜能。

确定工作目标。一是要具体化；二是必须可以衡量；三是必须切合实际；四是一定要设定时间表。

一个小男孩从小就从他的父亲那里听说过这么一个故事：有一次，有三十多条鲸鱼忽然在一处浅湾里死亡，死因是这些鲸鱼追逐沙丁鱼，是沙丁鱼把这些海上巨无霸引入了死亡陷阱。

小男孩隐约地明白这么一个道理：鲸鱼是因为追逐微利而暴死的，为了微不足道的目标而空耗体力乃至献出生命，实在是得不偿失。

由此可见，为了微小的目标而努力，决没有什么高效率可言，或者说只有死亡的高效率。

这个小男孩是美国人，他的父亲是一位马术师。小男孩从小就跟着父亲东奔西跑，一个马厩接着一个马厩、一个农场接着一个农场地去训练马匹。由于经常四处奔波，小男孩的求学过程并不顺利。初中时，有一次老师叫全班同学写作文，题目是《长大后的志愿》。那晚，小男孩洋洋洒洒地描述他的伟大志愿，描述

他想拥有一个属于自己的运输集团，当然，从事运输的不是那些马匹。但是，老师却认为他是做白日梦，希望他重写一个不离谱的志愿。这个小男孩再三考虑几天之后，原稿交回，一字不改，对老师说："无论如何，我也不愿意放弃属于我的梦想。"

这个小男孩就是后来的美国五大湖区上的运输大王——考尔比。

考尔比在最初进入社会做事的时候曾这样说："我从楼梯的最低一级尽力朝上看，看看自己能够看到多高。"

我们可以把一个人的人生目标看作是其人生梦想。

自满于梦想，实在是成功的障碍。梦想，必须同时有一种想改革现状以使之接近于理想的动力。

梦想可以作为一种刺激，因为梦想可以把我们的现在和将来的区别摆在面前。梦想对于人是一种挑战，可以催促人们改进现状。

如果只是一味空想着成为一个高效率的人物，或者以为自己已经是一个高效率的人物，那么，这个人应当怎样前进呢？

聪明的人，最初要画出路线来，要照着路线前进，在自己现有的效率基础上取得自己想要得到的高效率。要在中途确立许多小小的目标，并为了实现最近的目标而付出努力，因为这样的小小目标可以很快实现。高效率地实现了这个小小的目标，人就会觉得有了进步，就会感到很高兴，那么快速实现第二个小小的目标的动力就大了。坚持这样做下去，人们就会像爬梯子一样，一级又一级地快速实现自己最大的目标。

就如爬山一样，你首先必须拥有一种到达山顶的强烈欲望。如果你只是悠闲地望着山顶，或是想象着自己已经到了那里，你是绝不能到达山顶的。如果只是望着山顶，糊里糊涂地往上爬，不管路的方向，也不管路上的岩石障碍，那么，你也不会到达山顶。你必须当心脚步！你的目的地是山顶，山顶有时清楚，有时模糊，有时完全看不见，但不管看

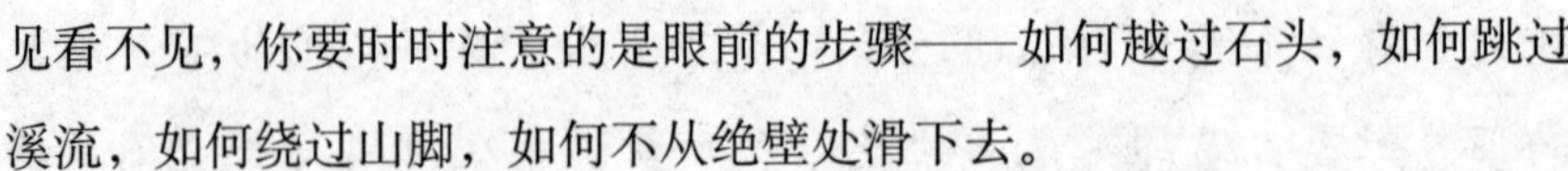

见看不见，你要时时注意的是眼前的步骤——如何越过石头，如何跳过溪流，如何绕过山脚，如何不从绝壁处滑下去。

山顶可以使人不至于迷失路途，使人不至于回头，而如何快速地到达山顶是必须选择的路径。

下面不妨让我们一起看看“赖嘉的故事”。

赖嘉跟随父母迁到亚特兰大市时年仅四岁。他的父母只有小学五年级的学历，因此当赖嘉表示要上大学时，他的亲友大多不表示支持，但赖嘉心意已决，最后果真成为家中唯一读过大学的人。但是一年之后，他却因为贪玩导致功课不及格而被迫退学。在接下来的六年，他过着得过且过的生活，毫无人生目标。他大部分时间都在一家电台担任导播，有时也为卡车公司卸货。

有一天，他拿起柯维的第一本著作《相会在巅峰》，从那时起，他对自己的看法完全改变，认为自己有不平凡的能力。重获信心的赖嘉，终于了解到目标的重要性。

赖嘉的目标是重返大学，然而他的成绩实在太差了，以致连遭墨瑟大学的拒绝。在遭到第二次拒绝之后，赖嘉无意间撞见院长韩翠丝，他趁机向她表明心志。结果，院长答应了他的请求，准许他入学，但有一个附加条件：他的平均分数要达到乙等，否则就要再度退学。

赖嘉一改过去的散漫态度，以信心坚定、目标明确、无所畏惧的姿态，重新踏入校门。经过两年三个月的努力，他以优异的成绩取得了学位，紧接着又向更高的目标迈进。

后来，这个伐木工人的儿子成为博士，还在全美发展最迅速的教会担任牧师。

没有目标就没有行动，只有确立有效的工作目标后，才能不断努力向目标进发。

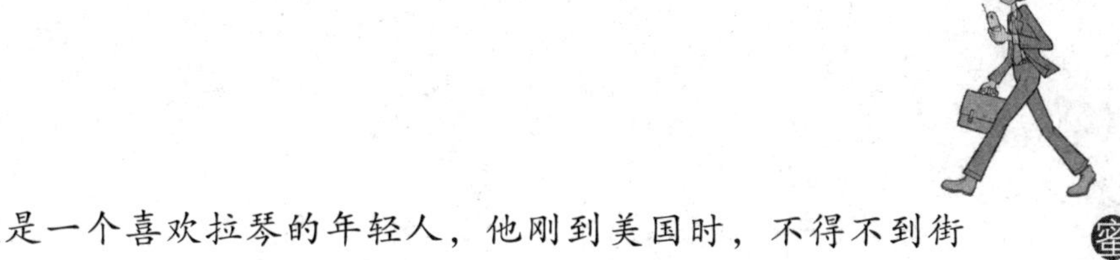

陆波是一个喜欢拉琴的年轻人，他刚到美国时，不得不到街头拉小提琴赚钱。他很幸运地认识了一位当地琴师，并和他一起争取到一个好地盘——一家商业银行的门口。过了一段日子，陆波赚到了不少钱，就和琴师道别了，然后进入音乐学府拜师学艺。在大学里不像往常一样能赚到很多钱，但他的眼光已经超越了金钱，投向更远大的目标和未来。

10年后，陆波有一次路过那家商业银行，发现昔日老友依然在那个最赚钱的地盘拉琴，而那个琴师的表情一如往昔，露着得意、满足与陶醉。他问陆波在哪里拉琴，陆波说了一家很著名的音乐厅的名字，而那个琴师却说那家音乐厅的门口也是个好地盘，也很好赚钱。显然，这位琴师不知道陆波此时已是一位国际知名的音乐家了。

目标的不同，造就了截然不同的人生。一个人的人生目标很重要，只有有效的目标才能成就不同寻常的人生。

蜜蜂小语

每一只蜜蜂都有自己的工作目标，而且它们坚持着自己的目标决不懈怠，不断努力、奋斗，直至达到目标。

制订好计划是靠近目标的第一步

每个人都有自己的目标，甚至是远大的目标。比如说：成为一个成功的管理者、拥有自己的企业、赚够100万、成为一个成功的作家、成为一名优秀的记者等。然而，当我们向目标迈进时，又往往感到茫然：

目标似乎离自己太遥远了，如何才能实现呢？

不得不承认，人生是一段很复杂的旅程。除了工作，我们还要生活，还要学习，还要娱乐。我们不仅要面临工作的困扰，还要面临感情的困扰、经济的困扰、家庭的困扰、孩子的困扰、人际关系的困扰等。而且，工作也不是一帆风顺的，我们会遇到失败、低谷以及暂时的挫折，有时甚至还会遇到毁灭性的打击……在这种情况下，如果不给自己的目标制订一个计划，我们就很可能偏离自己的目标，甚至是对目标感到灰心，从而重新让自己陷入一种毫无价值的复杂与混乱之中。

如何计划自己的目标呢？让我们一起来看看这个例子。

约瑟夫·普利策儿时的愿望就是要成为一名新闻工作者，想在新闻界干出一番事业。然而，在美国内战期间，他不得已成了一名军人。然而即使在战火中，他的目标也未改变，理想的火花一直在他的心头闪耀。

退伍后的他，已经年纪不小了。他开始制订计划，向新闻工作者的目标迈进，他利用业余时间刻苦学习，博览群书；他开始努力去认识新闻界的人士，就是在图书馆里，他结识了一家德文报社的负责人。1868年，他通过此人介绍，成为《西方邮报》的记者，终于进了他梦寐以求的报社。

一进入报社，他便开始作出详尽的计划，一步步朝自己的目标迈进。他无数次鼓励自己说："我要利用我生命中的一切时间去完成我的事业。"

他从一名普通的记者，很快成为这家报社不可缺少的编辑。但他仍不满足，他想要取得更大的成就。为了同当地那些墨守成规的报纸争夺发行量，他采用大量的"煽情主义"新闻，这种新闻手段在19世纪末的美国，以富有"人情味"、极具夸张的手法受到读者的青睐。他终于成功了，也由此成为美国新闻界的一个

传奇人物。

普利策并非新闻科班出身，他从一个退伍军人变为新闻界传奇人物，这在常人看来，简直就是一件不可思议的事情。他为什么能成功，答案就是：目标+计划。

俗话说："三百六十行，行行出状元。"世间万物纷纭复杂，一旦你走入社会，就要为自己设计一个目标，并计划如何一步一步去实现。否则，很有可能受各种各样的诱惑或者他人的影响而偏离了正确的航道。

不过，必须将目标定立在你力所能及的范围内，这样才能够更好地去计划你的目标，去更好、更快地完成自己的奋斗目标。同时在规划目标时，要注意它的方向性。

故事中的普利策正是因为善于安排计划，合理设计了自己的时间，高效率地完成了目标，才获得成功的。

只要有计划，那么，再远大、再看似不可能的目标，也会变得不再那么艰难，不再那么遥不可及。一旦有了计划，你就可以将一个大目标分为若干个小目标，这样，在工作中你就会时刻感受到成就，就会激发自己工作的热情，坚持不懈地朝着自己的目标奋进。

我们都知道，目标分为短期目标、中期目标和长期目标。或者说，任何一个长期目标，都要分割成若干个短期目标和中期目标。那么，你需要对这些目标进行管理，对自己的工作做一个计划。倘若不这样做，就很有可能陷入急功近利的泥潭或是对目标丧失信心，这样就如同没目标。请记住：计划有序，才能向目标迈进！

岳凯是一家公司的销售部经理。一天早上，和平常一样，岳凯走进办公室，看到桌子上有一堆助理新送来的材料，他感到很头疼。但是迫于工作需要，他只好静静地坐下来认真地审阅。之后，他发现自己的邮箱里来了几封新邮件，他打开一看，是几个

普通的客户，但他还是耐着性子一一回复。过了一会儿，他的助理走了进来，对他说："经理，有一位客人想见你。"

岳凯正为这些邮件心烦意乱，同时他还想起两个小时后，他要面试几个新应聘的业务员。烦躁之中，他不在意地说："让他先在客厅等一会儿，我马上就过去。"

10分钟过后，岳凯才从这些漫无边际的邮件中抽出身来，他几乎都快忘了会客这件事。等到助理再次催促他时，客人已经很焦急了。当岳凯走过去时，客人正在房间里来回踱步，岳凯露出歉意的笑脸，说："真不好意思，我太忙了，实在抽不开时间。"

客人听完这句话，淡淡地说了句："既然你实在没时间，那么我们改天再谈吧。"说完就走了，岳凯也丝毫没在意。

第二天，公司就解除了岳凯的职位，因为那是一位有意与公司合作的大客户，岳凯的行为使得那位客户对该公司丧失了信心，取消了自己的合作计划。而岳凯的行为——尽管只是怠慢了一位客人，但给公司造成的损失却难以估量。

岳凯被辞退，难道只是一个偶然现象或者只是因为他运气不好吗？显然不是。可以说：以岳凯的工作方法，即使这一次他错过了一个无关紧要的客人，侥幸没有为自己带来损失，那么迟早也会有一天，他还是会因为没有合理计划而面临职场的败局。这不是偶然的，而是必然的。对于一个缺乏计划性的人来说，失败是迟早的事。

其实，岳凯并不是很忙，他只是没有规划好自己的工作，没有安排好自己的时间，没有分清事情的轻重缓急。倘若他能在工作时给自己制订一个计划，按照工作内容的重要性有序地进行，就会提高效率，也不至于带来那么大的损失和灾难。

生活中很多人总是轻视时间，无节制地浪费时间，更准确地说就

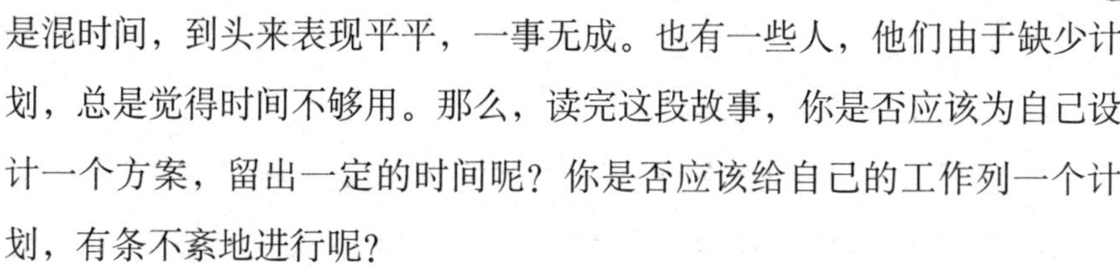

是混时间，到头来表现平平，一事无成。也有一些人，他们由于缺少计划，总是觉得时间不够用。那么，读完这段故事，你是否应该为自己设计一个方案，留出一定的时间呢？你是否应该给自己的工作列一个计划，有条不紊地进行呢？

没有计划，就等于是在浪费时间；没有计划的工作，就等于是无价值地工作；没有计划就无法靠近成功。很多人每天工作都很卖力，总觉得自己做了很多事，工作却毫无起色。他们总是抱怨老板不给自己升职，总是抱怨自己机遇不佳。但他们不明白：由于自己缺少计划，时间被浪费在了毫无价值的事情上。这样，工作和生活，两头都不讨好。

很多成功人士并不是每一秒钟都在工作，他们更善于安排设计自己的时间，从而有序有效地工作。一个好的计划是靠近目标的第一步，没有计划的工作等于做无用功。为了早日接近目标，请先做好计划吧！

蜜蜂小语

蜜蜂每一次外出采蜜前都要做一个详细的计划，规划一下工作地点、出发时间等，然后才开始向目标进发。

锁定目标，设定方向

一个做事没有方向的人，无异于盲人骑瞎马，其业绩绝对不可能优秀。方向和目标可以唤起一个人成功的信念。一个心中有方向的人，会成为创造历史的人；一个心中没有方向的人，终其一生必定会碌碌无为。

比塞尔是西撒哈拉沙漠中的一颗明珠。可是在肯·莱文发现它之前，这里还是一个封闭而落后的地方。这儿的人没有一个走出过大漠，据说不是他们不愿离开这块贫瘠的土地，而是尝试很多次都没有走出去，肯·莱文当然不相信这种说法，他用手语向这儿的人询问原因，结果每个人的回答都一样：从这儿无论向哪个方向走，最后还得转回到出口，已经尝试过很多次了都没有走出去。

比塞尔人为什么走不出来呢？肯·莱文非常纳闷，最后他只得雇一个比塞尔人，让他带路，看看到底是为什么。他们带了半个月的水，牵了两峰骆驼，肯·莱文收起指南针等现代设备，只拄一根木棍跟在后面。

10天过去了，他们走了大约80英里（1英里≈1.6093千米）的路程，第11天的早晨，他们果然又回到了比塞尔。这一次肯·莱文终于明白了，比塞尔人之所以走不出大漠，是因为他们根本就不认识北斗星。在一望无际的沙漠里，一个人如果仅凭着感觉往前走，他会走出许多大小不一的圆圈，最后的足迹十有八九是一把卷尺的形状。比塞尔村处在浩瀚的沙漠中间，方圆几百千米没有一点参照物，若不认识北斗星又没有指南针，想走出沙漠，确实是不可能的。

肯·莱文在离开比塞尔时，带了一位叫阿古特尔的青年，就是上次和他合作的人。他告诉这位汉子，只要你白天休息，夜晚朝着北面那颗星走，就能走出沙漠。阿古特尔照着去做了，三天之后果然来到了大漠的边缘。

方向就是一个人前进道路上的“北斗星”。一个人如果没有前进的方向，就会如同原来的比塞尔居民一样，永远在通往沙漠外的路上折

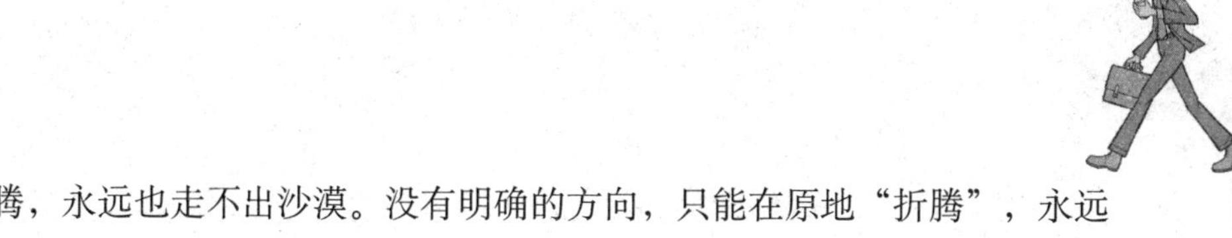

腾，永远也走不出沙漠。没有明确的方向，只能在原地“折腾”，永远也不能真正解决问题。

现实中，很多人在工作中标榜努力工作、勤奋学习，但却从来没有一个明确的方向，更谈不上职业规划，他们盲目地工作，一刻不停地忙碌着，却永远也忙不到点子上——由于认不清明确的工作方向，他们把大量的时间和精力浪费在一些无用的事情上。

凯微大学毕业后，在求职上并没有费多少周折，就顺利地进入了一家著名的跨国公司。因为她踏实肯干，善解人意，很受经理的赏识。进这家公司没多久，凯微就由普通员工提拔为经理助理。为此，她工作更加敬业，帮经理把工作安排得井井有条，和同事关系也很好。

凯微在这里的工作用她自己的话来说是得心应手。在这家公司里，与她同一届毕业的同学当中，她做得最好。所以，难免会有同学打电话来询问她一些关于工作上的事情。

善解人意的凯微，每当接到电话，就很积极地帮助他人出谋划策，帮他们解决工作上遇到的问题。

这样一来，她就无法有效地专注于工作。经理也批评过她，说你做这些虽然帮了同事、同学，甚至对提高公司其他人员的工作能力都起到了非常好的作用，可这些事对你来说毕竟都是无效的，这些无效的事迟早会误了公司和你自己的大事。

但凯微依然故我，每天还是忙忙碌碌的，热心地做着很多分外事。

一次，总部的老板打电话过来，通知凯微的经理：有个重要的合同要与他协商。由于凯微被任命为经理助理之后，一直负责合同，所以经理也想把这件事告诉凯微。在与总部老板沟通之后，经理又拿起电话要与凯微交流。结果，电话一直占线。于是经理只好

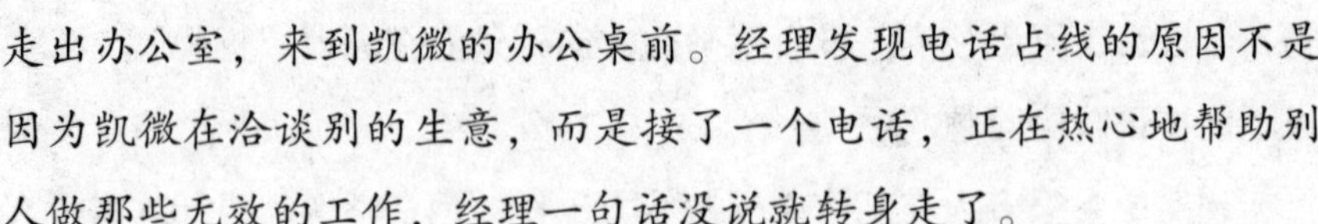

走出办公室，来到凯微的办公桌前。经理发现电话占线的原因不是因为凯微在洽谈别的生意，而是接了一个电话，正在热心地帮助别人做那些无效的工作，经理一句话没说就转身走了。

直到有一天，正当凯微在修改一份公司报告时，经理打来电话说：你的工作很出色，你也很努力，但是你没有很清楚地认识到哪些事才是对你和公司最有效的，公司需要的不是凯微，而是一个能专注于有效工作的员工。

结果可想而知，每天都忙得不可开交的凯微被辞退了。她整天的忙忙碌碌成了无用功。

目标对于行为的指导非常重要，不容忽视。可怜的毛毛虫给予我们最深刻的启示：没有目标的盲目行动只能导致失败。

一队毛毛虫在树上排成长长的队伍前进，由一条带头，其余的依次跟进，一旦带头的找到食物停了下来，它们就开始享受美味。有人对这个现象非常感兴趣，于是做了一个试验，将这一组毛毛虫放在一个大花盆的盆沿上，使它们首尾相接，排成一个圆形，带头的那条毛毛虫也排在队伍中。那些毛毛虫开始移动，它们像一个长长的游行队伍，没有头，也没有尾。观察者在毛毛虫队伍旁边摆放了一些它们喜爱吃的食物。但是，毛毛虫们想吃到食物就得看它们的目标，也就是那只带头的毛毛虫是否停了下来，一旦停了下来它们才会解散队伍不再前进。观察者预料，毛毛虫会很快厌倦这种毫无用处的爬行而转向食物，可是毛毛虫没有这样做。那只带头的毛毛虫一直跟着前面的毛毛虫的尾部，它失去了目标。整队毛毛虫沿着花盆边沿以同样的速度爬了七天七夜，一直到饿死为止。

从毛毛虫身上我们学到了：一个人应该尽早为自己制定目标，从而确定努力的方向。

纷繁的世界，每个人的生活节奏都很快，似乎谁都在忙碌。忙碌着

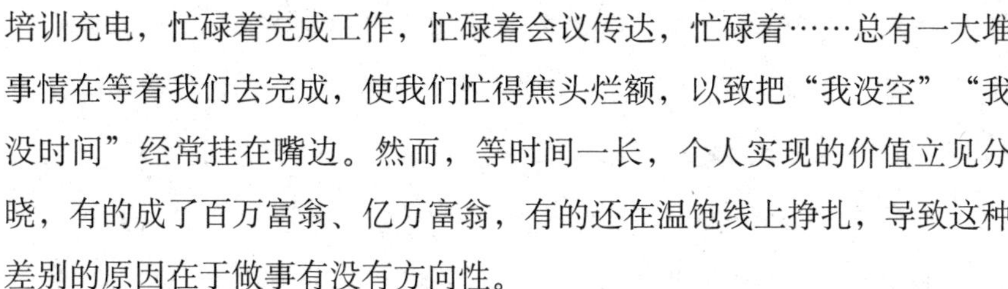

培训充电，忙碌着完成工作，忙碌着会议传达，忙碌着……总有一大堆事情在等着我们去完成，使我们忙得焦头烂额，以致把“我没空”“我没时间”经常挂在嘴边。然而，等时间一长，个人实现的价值立见分晓，有的成了百万富翁、亿万富翁，有的还在温饱线上挣扎，导致这种差别的原因在于做事有没有方向性。

亚里士多德说过：“明白自己一生在追求什么目标非常重要，因为那就像弓箭手瞄准箭靶，我们会更有机会得到自己想要的东西。”方向是一个人行动的指南针。有方向的人是在为美好的结果而努力，没目标的人只会在原地转悠。任何一个优秀的人绝不会在盲目中忙碌，他们总会在行动之前就为自己设定了努力的方向。

蜜蜂小语

蜜蜂在工作中通常的步骤是：先锁定目标，设定方向。然后，朝着目标方向不断前行，最终得到劳动果实——蜂蜜。

看准目标，立即行动

古罗马一位大哲学家曾说过：“想要到达最高处，必须从最低处开始；想要实现目标，必须从行动开始。”

工作对于我们来说是人生的一部分，你只有立即着手积极行动，一件一件地完成眼前的任务，才有可能比其他人更快地接近目标，攀上人生的顶峰。有行动才有收获！

著名品牌肯德基是怎样打入中国市场的？

刚开始公司派了一位代表来中国考察市场。这位代表来到北京，看到街道上人头攒动的场面，内心激动不已，尽情地畅想着肯

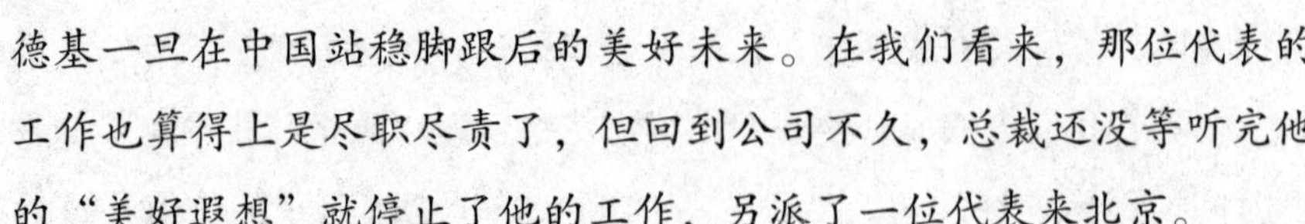

德基一旦在中国站稳脚跟后的美好未来。在我们看来，那位代表的工作也算得上是尽职尽责了，但回到公司不久，总裁还没等听完他的“美好遐想”就停止了他的工作，另派了一位代表来北京。

新代表与上一位不同的是，只要他想到的，他都行动起来了，并且考虑问题很周全：他先是在北京几条街道测出人流量，进行了大量的实地走访；然后又对不同年龄、不同职业的人进行品尝调查，并详细询问了他们对炸鸡的味道、价格等方面的意见；另外还对北京的油、面粉、菜甚至鸡饲料等行业进行广泛的摸底研究，并将样品数据带回总部。

不久，那位代表率领一帮人又回到北京，肯德基从此打入了北京市场。

第一位商业代表之所以被解雇，并不是因为他没有好的创意，而是他的创意还只是停留在空谈上。他只看到了表面，没有深入地调查研究。后来的这位代表不但胸怀让肯德基驻足中国市场的美好创意，还坚定地通过行动来立即着手实现这一创意。

如果我们认准了一项工作，那么我们就要立即行动。世界上有93%的人都因拖延懒惰而一事无成。一日有一日的理想和决断，昨日有昨日的事，今日有今日的事，明日有明日的事。对有些人来说时间是废品，而对有些人来说时间是金钱，一百次的胡思乱想也抵不上一次行动。

如果你犯了一项错误，这个世界将会原谅你；但如果你未做任何决定，这个世界将不会原谅你。如果你已做了一个真正的决定，就要马上行动，你将会收获很多。

曾经有一个精明的老板想招聘一名员工，他对应征的三十多人说：“这里有一个标记，那儿有一个球，要用球击中这个标记。你们一个人有七次机会，谁击中目标的次数多，就录用谁。”结果，所有人都没能打中目标。这个老板说：“明天再来

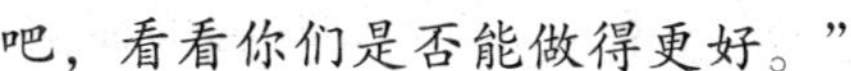

吧，看看你们是否能做得更好。”

第二天，只来了一个小伙子，他说自己已经准备好测试了。结果，那天他每次都击中了标记。“你怎么能做到呢？”老板惊讶地问道。

这个小伙子回答说：“哦，我非常想得到这个工作来帮助我的妈妈，所以，昨天晚上我在棚屋里练习了一整夜。”不用说，小伙子得到了这份工作，因为他不仅具备了工作所需的基本素质，而且表现出了积极的工作态度：看准目标，立即行动。

在职场中奋斗的人都会明白，千里之行，始于足下，都知道坚持不懈、永恒进取的重要，可是真正能做到并落实到行动上的人却很少。

老张和老王是邻居。凑巧的是，他俩都从各自单位下岗了，前后只相差三天的时间。面对残酷的现实，老张很乐观，因为他下岗前是单位里的工程师，有满脑子的“智慧”，下岗后不愁找不到工作。而老王呢，是单位里的一名普通装卸工，干的是体力活。尽管两人以前地位不同，知识水平和性格都有极大差异，但两人却有一个共同的目标，即如何尽快找到工作，重新上岗。

每天，老张都坐在院落里翻看各种有招聘信息的报纸，并根据上面列示的招聘职务，大谈特谈如果自己去应聘，怎样说和怎样做就一定能获得那个职位。老王在一旁虔诚地听着，他非常钦佩老张的智慧与求职经验，并且开始按照老张的求职设想去付诸行动。

半年后，老王被一家生产奶制品的工厂聘为仓库管理员，而老张依然在那里谈着他的求职设想。

或许你有过人的智慧，但是不付出行动，一切都是空想，没有任何结果。

在一次行动力研习会上，一位主讲老师做了这样一个有趣的活动。

他说："现在我请各位一起来做一个游戏，大家必须用心投入，并且采取行动。"随即他从钱包里掏出一张面值100元的人民币，他说："现在有谁愿意拿50元来换这张100元人民币？"他说了几次，但没有人行动。最后终于有一个人跑向讲台，但仍然用一种怀疑的眼光看着老师和那张100元的人民币，不敢行动。那位主讲师提醒说："要配合，要参与，要行动。"那个人才采取行动。他终于换回了那100元，顷刻赚了50元。

最后，主讲老师说："凡事要马上行动，立刻行动，这样，你的人生才会不一样。"

聪明人雷厉风行，糊涂人拖拖拉拉。的确，做事情应该尽早去做，否则你就会迫于形势而去做。优秀员工会当即断定什么该早点干，什么该晚些做，并且干得很开心。看准目标，立即行动，这种态度还会消减准备工作中一些看似可怕的困难与阻碍，引领你更快地抵达成功的彼岸。

沃尔特·皮特金有一次在好莱坞时，一位年轻的支持者向他提出了一个新颖且大胆的建设性方案，在场的人全被吸引住了。这个方案显然是值得考虑的，不过他们可以从容考虑，然后讨论，最后再决定如何去做。但是，当其他人正在琢磨这个方案时，皮特金突然把手伸向电报机并立即开始向华尔街拍电报，用电文热情地陈述了这个方案。

出乎意料的是，1000万美元的电影投资立项就因为这个电文而拍板签约。假如他们拖延行动，这项方案极可能就在他们小心翼翼的漫谈中自动流产——至少会失去它最初的光泽。然而，皮特金立刻付诸了行动。

很多人羡慕皮特金办事如此干练，然而事实是，他之所以办事

简明干练，是因为他在长期训练中养成了“马上行动”的习惯。

世间永远没有绝对完美的事，“万事俱备”只不过是“永远不可能做到”的代名词。一旦延迟，愚蠢地去满足“万事俱备”这一先行条件，不但辛苦加倍，还会失去灵感和应有的乐趣。

马上去做和亲自去做是现代成功人士的做事理念，任何规划和蓝图都不能保证你成功。很多企业之所以能取得今天的成就，不仅是事先规划出来的，而是在行动中一步一步经过不断调整和实践得到的。因为任何规划都有缺陷，规划的东西是纸上的，与实际总是有距离的。规划可以在执行中修改，但关键还是要马上去做。根据你的目标马上行动，没有行动，再好的计划也是白日梦，再好的目标也永远实现不了。

蜜蜂小语

有目标，但是也要有行动。蜜蜂王国也是遵守这种原则，它们一旦看准目标后，就立即行动，决不懈怠。

确定目标，永不放弃

一个人无论做什么事，都要先确定目标，然后才能找准方向，从而才有可能做对事情。如果你一旦确定好目标后，就要坚持不懈地为之努力、奋斗。坚持一个目标需要智慧和信念，以及付诸行动的毅力和勇气。大多数成功人士从不分心，他们紧紧盯住远大的目标。因为他们明白：设定目标是成功的基石。这一点尤其值得我们去学习和关注。事业的成功，一方面必须制订实在、清楚，并且具有挑战性的短、中及长期目标，另一方面必须为实现理想中的目标，制订出明确、详细的阶段性目标和计划，并严格按照计划实施和控制。在这个过程中，要经常问自己：我的目标是什么？要实现目标我还要做些什么？我是否每天都在接近自己的目标？如果你拥有一个令人怦然心动的目标及实现该目标的计划，那么就一定能够激发成长的念头，从而采取进一步的行动。

第一，给自己一个成功目标。人要“立长志”，切莫“常立志”。“立长志”就好比在人生海洋中立了一个航标，不管走到哪里，中间干了别的什么事，顺利或不顺利，都是顺着这个航标前行的。许多成功的人都是乐观主义的人。乐观来自哪儿呢？主要是一个信念，看到未来理想实现时的光芒。柳传志说过：“联想为什么能做大？因为志存高远。”只有这样，想到才能做到，如果想都不敢想，又怎么去实现？抱负远大的人格魅力，完全可以转换成一种突破困境的人格力量。

坚持一点希望，坚持一个目标，坚持一份理想。这对我们每个人来说都是非常重要的。而有了目标，就要行动，只有行动才能实现这个目标。要经常为自己进一步的工作进行前瞻性的规划，仔细地规划自己的工作和未来，我们的目标就容易实现——目标、计划、行动、全面评估和改进构成我们持续进步、全面走向成功之路。

第二，给自己的目标做好管理。专注于你渴望实现的生活理想，在内心会产生一幅理想的画面，心理学称之为“自我意象”。一幅精神蓝图，它会自然而然地指示你什么时候该做什么以及怎么做。你对这幅精神蓝图描绘得越清晰，你的力量就越大。这是因为，这幅精神蓝图会产生强大的信念，因为它是如此的清晰，所以你知道接下来该怎样去追求。

理想的实现有三个基本的步骤，它们分别是真诚的渴望、自信的预期、执着的追求——这一切都可以通过你对理想生活的精神蓝图来实

现。描绘它，然后为之努力。

如果你的内心确实存在一幅理想生活的蓝图，你就应该强化它。然后，按着这个画面描绘的目标约束自己，高度自律，随时自我反省。当你这样做的时候，自我约束、自律、反省的品质会引导你把自己的人生像导弹一样发射到高处。同时也会让你懂得牺牲自己，学会勇敢地放弃和选择，保证我们在正确的方向上行进，并抛弃不相关的杂念，无所畏惧，一往无前。

一个优秀员工想将工作干得出色，就要有恒心、毅力。只有坚持不懈才能取得成功。一个优秀员工做一点工作并不难，难的是能够持之以恒地做下去，直到在同事中出类拔萃。

身在职场，不管你从事什么样的工作，也不管你做的是什么样的事，只要你确立了自己的目标，就要勇往直前，永不放弃。放弃了目标就等于放弃了成功的机会。不放弃，就会一直拥有成功的希望。如果你有99%想要成功的欲望，却有1%想要放弃的念头，这样也没有办法成功。

第二次世界大战后，功成身退的英国首相丘吉尔在剑桥大学毕业典礼上发表演讲。

经过邀请方一番隆重但稍显冗长的客套之后，丘吉尔走上讲台。他两手抓住讲台，目光凝重，沉默许久，才用他独特的风范开口说："永远，永远，永远不要放弃！"接着，又是长长的沉默，然后他再次强调："永远，永远，永远不要放弃！"最后，他再度注视观众片刻后回到座位。

场下的人这才明白过来，紧接着掌声雷鸣般响起。

这场演讲是成功演讲史上的经典之作，也是丘吉尔最脍炙人口的一次演讲。

丘吉尔用他一生的成功经验告诉人们：成功没有秘诀，如果有的

话，就只是两个：第一个是坚持到底，永不放弃；第二个就是当你想放弃的时候，回过头来照着第一个秘诀去做：坚持到底，永不放弃。

在美国西点军校，培养一个军官的坚韧能力是一项重要的训练。为了保证每一个学员都能做到这一点，西点军校制定了一系列残酷的训练手段，从最基本的着装、列队到稀奇古怪的命令。例如高级军官会突然要求学员列队，然后指令学员跑步行军几公里。突然又指令队伍在一小时内返回驻地，换上沉重的行装，又跑步到达刚才的目的地，在整个过程中，必须无条件地完成指令。

那些训练成绩不合格的人，不可能从西点军校毕业。凡是半途而废、有始无终的人，都不能成为一名合格的西点人。

普利先生在通过关系将自己的儿子送去西点受训一年时说道："为什么我要将儿子送去受训？我要让他明白，只有坚韧才可成才。"

巴顿将军在战斗中的一句著名的口头禅便是："要迅速地、无情地、勇猛地、无休止地进攻！"在第二次世界大战这样一个宏伟的历史舞台上，杰出的军事将领成千上万，而像巴顿那样以"不断胜利前进的将军"而载入史册的传奇式人物，唯有他一个。

麦克阿瑟将军也曾说道："如果战争一旦强加于我们，那只有用尽一切手段尽快结束战争，此外，没有任何选择余地。""战争的目标就是胜利，而不是旷日持久的僵持。在战争中，绝不可能有胜利的替代物。"

有些人在开始做事时充满热情，但因缺乏坚韧与毅力，往往半途而废。任何事情都是开头容易完成难，所以要评判一个人的业绩是否优良，不能看他所做事情的多少，而要看他最终完成的成就有多少。在赛跑中，裁判并不计算选手在跑道上出发时如何快，而是计算他从起点跑到终点需要多少时间。

一个人在工作中一旦养成了有始无终、半途而废的坏习惯，就永远

不可能出色地完成工作。他也许会靠一些小伎俩来蒙混过关，但看重结果的老板很少会接连上当。

如果你有能力，业绩却远远落后于其他人，不要埋怨，最好自我反省一下：自己是否善始善终地把工作进行到底了？如果不是，那就要正视你失败的原因了。对于任何一件工作，要么不做，要做就要有始有终、彻彻底底地去完成它。

一个人的工作成功与否，要看他有无恒心，能否善始善终。持之以恒是人生必备的素质，也是完美完成工作的重要因素。

做事如果半途而废，前面的所有辛苦就等于白费。只有经得起风吹雨打及种种考验的人，才是最后的胜利者。因此，不到最后关头，绝不轻言放弃，要一直不断地努力下去，力求取得最后的胜利。

世界上最容易的事是坚持，最难的事也是坚持。能否坚持不懈，是界定一个人成功与失败的分水岭。

一家著名企业招聘推销员时，人事经理只粗略地看了一下应聘人员的自荐材料，便推说“电梯坏了”。于是，他带着几十个应聘者爬楼梯，从1楼到位于28楼的办公室。结果大多数应聘者待在一楼等电梯修好，还有很多人爬到一半就放弃了。望着坚持到最后的几位应聘者，人事经理当场宣布：“你们被聘用了。”

以爬楼梯来考核一个员工是否具有坚持不懈的精神。一个连几层楼都不愿爬的人，成不了优秀员工，也成不了优秀的推销员。在所有的职业中，推销员、业务员是最容易受挫、最容易遭拒绝的工作，也是最容易让人厌倦的工作。许多推销员忙忙碌碌，并没有取得成功，他们大多败在自己手中，败在遇到挫折时放弃自己的追求，缺乏坚持不懈的精神。

美国销售员协会的一项调查研究指出，不能坚持是销售失败的主要原因。坚持不懈地付出努力，才是优秀推销员取得良好业绩的不二法

门。在这个世界上无论你从事什么样的工作，只有敢于坚持，永不放弃的人才能实现目标，最终到达成功的彼岸。

蜜蜂小语

小小蜜蜂本领大，每天辛苦采蜜忙。蜜蜂们每天的工作都有一定的目的性，纵然历尽艰险也一定要努力实现，永不放弃。

蜜蜂法则二

勤奋不息，勤勤恳恳创佳绩

“勤”为无价之宝，“慎”为护身之符，蜜蜂因夏天勤劳才能冬天食蜜。勤奋工作才能创造属于自己的幸福生活。俗话说“早起的鸟儿有虫吃”，只有勤奋工作才会收获更多、创造更多，人生的价值在于勤奋工作，勤奋工作能够创造高效的业绩，创造成功的人生。

勤奋是高效之源

勤奋是保持高效率的前提。只有勤勤恳恳、扎扎实实地工作，才能把自己的才能和潜力全部发挥出来，才能在短时间内创造出更多的价值。

人都是有惰性的，只是每个人“惰”的程度不同而已，关键是我们要去有意识地规避惰性，激发自己的积极性。

一个缺乏事业至上、勤奋努力精神的人，只能观望他人在事业上不断取得成就，而自己却在懒惰中消耗生命，甚至因为工作效率低下而失去谋生之本。

勤奋是一个优秀员工必备的品质。享受生活固然没错，但怎样成为老板眼中有价值的员工，这才是最应该考虑的。一位有头脑的、聪明的员工绝不会错过任何一个可以让能力得以提升，让才华得以施展的工作。尽管有时这些工作可能薪水低微，可能繁重而艰巨，但它是对员工意志的磨炼，是对员工坚韧不拔意志的培养，都是员工一生受益的宝贵财富。所以，正确地认识你的工作，勤勤恳恳地努力去做，才是对自己负责的表现。

日本“保险行销之神”原一平，身材瘦小，相貌平平，这些足以影响他在客户心中的形象，所以他起初的推销业绩很不理想。原一平后来想：既然我比别人的确存在一些劣势，那只有靠勤奋来弥补。为了实现力争第一的梦想，原一平全力以赴地工

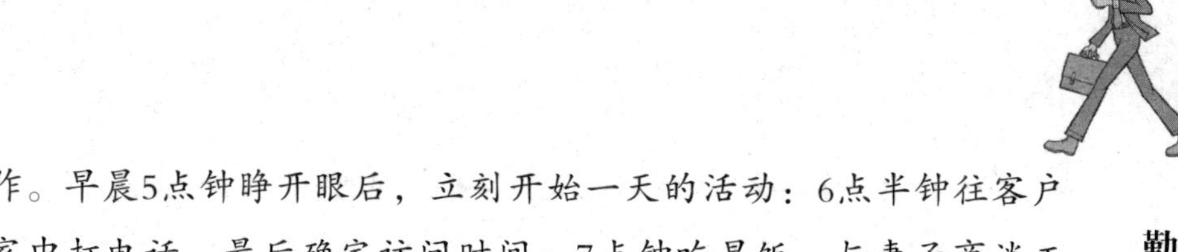

作。早晨5点钟睁开眼后，立刻开始一天的活动：6点半钟往客户家中打电话，最后确定访问时间；7点钟吃早饭，与妻子商谈工作；8点钟到公司去上班；9点钟出去推销；18点钟下班回家；晚上8点钟开始读书、反省，安排新方案；23点钟准时就寝。

这就是他最典型的一天的生活，从早到晚一刻不闲地工作，把该做的事及时做完，从而摘取了日本保险史上“销售之王”的桂冠。

要想在这个竞争激烈的时代脱颖而出，你就必须付出比他人更多的汗水和努力，具有一颗积极进取、奋发向上的心，否则你只能由平凡变为平庸，最后成为一个毫无价值和没有出路的人。

无论你现在所从事的是什么样的工作，也不管你是建筑工地上的一名工人，还是办公室里的一名普通职员，只要你勤勤恳恳地努力工作，你总会成功，得到老板的认可。

多数人都会有这样的感觉．无论睡眠质量有多么高，食欲有多么旺盛，气色有多么好，只要有人问他感觉怎样，他肯定会带着一个透着压抑与沮丧的神情回答“不怎么样”“没有什么两样”“感觉很不好”。这种人几乎整天沉浸在健康不佳、情绪不宁之中。其实，这种懒散的态度就是他们自己的敌人，它会在不知不觉中侵蚀人的意志，使人萎靡不振、得过且过。假如一个员工屈从于这些坏习惯，就不能振作，就无法充分发挥自己的所长，也就不会有很高的工作效率。

一个员工如果萎靡不振，那么他脸上必定毫无生气，整个人看起来呆若木鸡、无精打采，那么他做起事来就不可能有朝气、有活力，更不可能出成果。世间最难治也是最常见的病就是“萎靡不振”，萎靡不振往往使人陷于完全绝望的境地永远没有希望。

优秀员工能让自己拒绝懒散和萎靡不振，方法就是做起工作来全身心地投入，即使在自己已经很疲惫的时候。

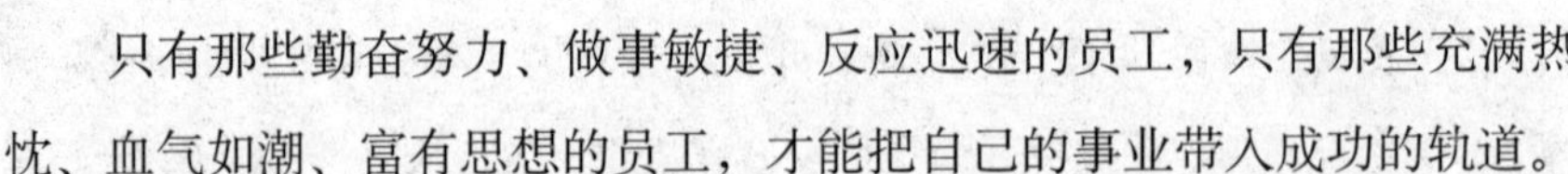

只有那些勤奋努力、做事敏捷、反应迅速的员工，只有那些充满热忱、血气如潮、富有思想的员工，才能把自己的事业带入成功的轨道。

要想成为优秀员工你首先要比别人付出更多，一个人获得的任何东西都是他事先付出的回报。你在付出时越是慷慨，你得到的回报就越丰厚。

从种植小麦的农民那里，你也许会明白：如果种植一株小麦只能收成一粒麦子，那根本就是在浪费时间，因为一株小麦上可收成许多粒麦子。尽管有些小麦不会发芽，但无论农民面临什么样的困难，他的收成必定多出他所播种的好几十倍。所以，在你的工作中到底能收获多少，就要看你是否有付出的心态了。如果你不是心甘情愿地付出，那你很可能得不到任何回报；如果你只是从为自己谋取利益的角度出发，则可能连你希望得到的利益也得不到。你只要记住一点，在职场中的每一点付出，都是在累积你的财富，而你的付出终将会帮你赢得你想要的一切。

松下幸之助说过：“当年创业的时候，我对自己说要好好努力，比别人多付出一些。只是埋怨辛苦是不会出人头地的，现在拼命努力和忍耐，将来一定有出息。因此，在冬季结冰的天气下做抹布清洁工作，虽然很辛苦，转念一想，这就是忍耐，努力干吧，将辛苦化为希望。”松下正是靠这种多吃苦多付出的精神拼出一番事业的，所以在当上老板之后，他告诫他的员工要得到晋升就要有吃苦耐劳、勤劳付出的精神。

身为下属，工作量大，任务繁重，这都是很正常的事情。要给老板留下深刻和完美的印象，你就要兢兢业业、一丝不苟地工作。要舍得多下功夫，比别人付出更多的辛勤工作，为自己所在的公司或部门做出成绩，做出大成绩，而且多出能在上司那儿受到称赞的成绩。有些员工通常只会说话，不做实事，同那些“少说多做”的实干家相比当然会失败。

蜜蜂小语

蜜蜂是世界上最勤奋的动物之一，它们每天辛苦穿梭于花丛中，酿造着世界上最甜蜜的花蜜。

早起的鸟儿有虫吃

俗话说“笨鸟先飞”，意思是要想不落后，就要比别人勤奋，就要比别人先行动。“笨鸟先飞”是一种不甘落后、勇于争先的表现。天赋再好的“灵鸟”也要先飞、也要勤奋，否则就有变成“笨鸟”的危险。

业精于勤荒于嬉。勤奋能使学业和事业有所成就，嬉耍只会使学业和事业失败。大凡有所作为的人，无一不是有着勤奋的习惯。因此，不管你现在处于人生的何种阶段，养成勤奋的习惯是必不可少的。

西汉时有一个大学问家名叫匡衡。他小时候就非常喜欢读书，可是家里很穷，买不起蜡烛，一到晚上就没有办法看书，他常为此事发愁。这天晚上，匡衡无意中发现自家的墙壁似乎有一些亮光，他起床一看，原来是墙壁裂了缝，邻居家的烛火从裂缝处透了过来。匡衡看后，立刻想出了一个办法。他找来一把凿子，将墙壁裂缝处凿出一个小孔。立刻，一道烛光射了过来，匡衡就借着这道烛光，认真地看起书来。以后的每天晚上，匡衡都要靠着墙壁，借着邻居的烛光读书。由于他从小勤奋好学，后来成了一名知识渊博的经学家。

成功需要刻苦努力。作为一个普通人，你要相信，勤奋是检验成功的试金石。即使你天资一般，只要勤奋努力，也能弥补自身的缺陷，最

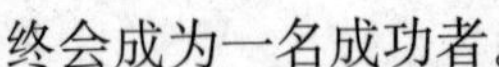

终会成为一名成功者。

在泰国，流传着这样一个关于勤奋的故事。

有位一心想成为大富翁的年轻人，他认为成功的捷径是学会炼金术。于是他把全部的时间、金钱和精力都用在了炼金术上。不久，他用光了自己的全部积蓄，家中变得一贫如洗，连饭也吃不上了。

妻子无奈，跑到父母那里诉苦，她父母决定帮女婿摆脱幻想。他们对女婿说："我们已经掌握了炼金术，只是现在还缺少炼金的东西。""快告诉我，还缺少什么东西？"年轻人迫不及待地追问道。"我们需要3千克从香蕉叶下收集起来的白色绒毛，这些绒毛必须是你自己亲自种下的香蕉树上的，收完绒毛我们便告诉你炼金的方法。"

年轻人回家后立即将已经荒废多年的田地种上了香蕉，为了尽快凑齐绒毛，他除了种自家以前就有的田地外，还开垦了大量的荒地。

当香蕉成熟后，他小心地从每片香蕉叶下搜刮白绒毛，而他的妻子和亲人则抬着一串串香蕉到市场上去卖。就这样，10年过去了，他终于收集够了3千克绒毛。这天，他一脸兴奋地提着绒毛来到岳父母家，向岳父母讨要炼金之术。岳父母让他打开了院中的一间房门，他立即看到满屋的黄金。妻子站在屋中告诉他，这些金子都是用他10年来所种的香蕉换来的。面对满屋金灿灿的黄金，年轻人恍然大悟。从此，他努力劳作，终于成了一位富翁。

在人才竞争日益激烈的社会中，怎样才能获得脱颖而出的机会呢？是依靠抱怨、不满、拖拉和偷懒吗？如果是这样，那么我们永远都甭想获得成功，甚至可能连目前这份我们认为大材小用、埋没了人才的工作都保不住。唯有依靠"勤"字，才能做好自己的工作，才能在不断的积

累中增长知识和技能，从而获得更多的发展机会。

大家都知道“早起的鸟儿有虫吃”“勤能补拙”“勤奋可以制造一切”的道理，也知道无数个通过辛勤努力取得杰出成就的事例。可是现实生活中依然有很多人并未从中受到启发，他们依然偷懒，依旧好逸恶劳，并为自己开脱：现在是新世纪新时代，勤奋已不再是人生成功的法宝了。

是的，如今这个时代的确与以往不同了，但并不是某些人想象的那样“勤奋越来越不重要”，而是恰恰相反，要想获得成功，勤奋是必不可少的。

一位哲人说过：世界上能登上金字塔的生物有两种：一种是鹰，另一种是蜗牛。不管是天资奇佳的鹰，还是资质平庸的蜗牛，能登上塔尖，极目四望，俯视万里，都离不开两个字——勤奋。

美国前国务卿赖斯在幼年时母亲对她进行了孜孜不倦的音乐教育。赖斯四岁时就掌握了一些曲子，开了第一个独奏会。

在赖斯家里，她的家人始终相信这么一条真理：只有当孩子们做得比白人孩子高出两倍，他们才能平等；高出三倍，才能超过对方。她的父母不止一次地告诉她，外面的世界有很多发展的机会，但只有勤奋学习，才能够得到回报。他们甚至这样对她说：“你可能在餐馆里买不到一个汉堡包，但也有可能当上总统。”

赖斯一直都很相信父母的话，在以后的日子里，她向着“加倍地好”这个目标继续努力。首先是在运动方面，她开始学习网球和花样滑冰，而且做得都很出色。

上大学之后，赖斯发现了新的目标。那是缘于一门叫作“国际政治概况”的课程，那节课主要讲的是斯大林，教授是前国务卿玛德琳·奥尔布赖特的父亲约瑟·考贝尔。“这一课程拨动了我的心弦，”赖斯后来说，“这就像恋爱一样……我无法解释，但它的确吸引着我。”考贝尔博士被赖斯的聪明和激情所感染，鼓励她到该校国际关系学院读书。考贝尔成为赖斯生活中的“智力父亲”。

之后，赖斯又开始学习政治科学和俄语，但同时她并没有为此关上学习音乐的大门。这种背景使赖斯最终成了一个为数不多的学音乐出身的政府高官。俄语被称为“需要十年才能学会的语言”，但她通过勤奋学习，很快便掌握了俄语。

1977年夏，出于做研究的需要，赖斯在国内进行了一次长途旅行。同时又在国防部担任实习生，在五角大楼工作了很长一段时间，她也有了更多的机会开始了解美国的军事机构。最终，赖斯担任了美国国务卿一职。

凭借自己的勤奋，赖斯终于打进了白宫。早起的鸟儿有虫吃。勤奋有时是一种勇气，是一种智慧，也是走向成功的一条准则。多做一点，我们就离卓越更近一点。人生没有可供你驻足的港口，自我本身永远是一个出发点。无论何时何地，只要创造就会有收获。也许你的投入无法立刻得到相应的回报，请不要气馁，我们应该一如既往地“比别人多做一点”。这样，回报可能会在不经意间如约而至。

我们要记住，只要树立自强不息的进取精神，才能证明生命的存在；只要我们在平凡的岗位上坚持“每天多做一点”，你就将置身于“柳暗花明又一村”的境界。

勤奋是无数卓越人士和组织极力秉承的理念和价值观，被许多著名企业奉为圭臬。勤奋是指：在工作中，要比别人“看得更远一点、做得更多一点、动力更足一点、速度更快一点、坚持的时间更久一点”。它体现的是一种积极、主动的精神，一种坚韧不拔、永不放弃的意志，一种行动迅速、做事准确的能力。我们每一个人都是世间的凡夫俗子，只要耐心播种“一方桃李”，必会收获“满园春色”，但关键在于你是否

勤奋。

蜜蜂小语

早起的鸟儿有虫吃，勤劳的蜜蜂有蜜采。蜜蜂以勤劳而著名，它们每天起得很早，成群结队地去花丛中采取花蜜。

勤奋工作，幸福生活

拉丁语中“工作”(tripalium)一词最初指的是“刑具”，即折磨人的东西。认知心理学家皮埃尔·布朗·萨努恩指出，“自从亚当和夏娃被驱逐出伊甸园，不得不靠自己的辛劳才能生存以来，工作就一直被看成是上帝对人类的诅咒。”此外，很多人还对工作有种错觉：自己没有从事的职业肯定更有意思，别人的工作和职位更让人羡慕。

在现实生活中，多数情况下，幸福与工作好像没有什么联系。相反，人们似乎只有在工作之外才能找到快乐。下班之后、双休日、节假日，才是一天、一周、一年中的快乐时光。当然，快乐有时是需要钱的，为此就必须工作，工作的价值似乎只是为工作之外的快乐埋单。

泰戈尔在《人生的亲证》中写道：“我们的工作日不是我们的欢乐日——因此，我们要求节日，我们在自己的工作中不能找到节日，所以我们是不幸的。河流在向前奔腾中找到它的节日；火焰在熊熊的燃烧中找到它的节日；花香在空气的弥漫中找到它的节日，但是我们每天的工作中却没有这样的节日，这是因为我们没让自己解放，因为我们没有愉快地、完全地将自己献身于工作，以至于让我们的工作压倒了自己。”

工作本身不幸福，幸福只在工作之外，这种情况相当普遍，但其实并不正确。

詹姆斯·爱伦被誉为20世纪“人文科学领域的神秘者”“最伟大的心灵导师”，他每日环顾世界，冥思苦想，终于发现“劳动就是生命”这条与真理一起孕育出来的原则。詹姆斯·爱伦认为：劳动是抚慰世人内心痛苦的疗法和引领众人步入成功的法则。劳动是一件幸福的事情，劳动本身很高尚。无论是脑力劳动还是体力劳动，都是生活的根本。劳动越丰富，生活就越丰富。脑力劳动者、思想原创者、永不停息地进行脑力活动的人是这个世界上生命力最持久的人。参加农业生产的体力劳动者、园丁、永不停息地进行体力活动的人，其生命的持久性仅次于前者。所以说，工作即是幸福，工作就是人生的价值、人生的欢乐，也是幸福之所在。

在欧洲的阿尔卑斯山区里，有一个幸免工业革命侵入的山谷，那里仍存在着原始形态的社区。这个地区最引人注目的特色是，居民的工作与休闲几乎无从区分，你可以说他们每天工作16小时，也可以说他们从不工作。意大利境内阿尔卑斯山区瓦欧斯塔的川达兹桥村，有位76岁高龄的老太太沙拉菲娜，每天清晨5点起床，为母牛挤奶。她煮好多份早餐，整理好屋子以后，视天气和季节而定，或把牛羊赶到草原上放牧，或照顾果园，或梳理羊毛。夏季时，她用几星期的时间在草原上割牧草，然后把一大捆干草顶在头上，徒步走几英里路，搬回自己的谷仓。如果走捷径只用一半的时间，但她为了保护山坡，减少人为的侵蚀，宁可走人迹稀少的曲折山路。晚间她可能看些书，讲故事给曾孙子听，或为到她家开舞会的亲朋好友演奏手风琴。

若问沙拉菲娜生活中最大的乐趣是什么，她会毫不犹豫地回答：帮母牛挤奶、放牧、在果园剪枝、梳理羊毛……事实上，她

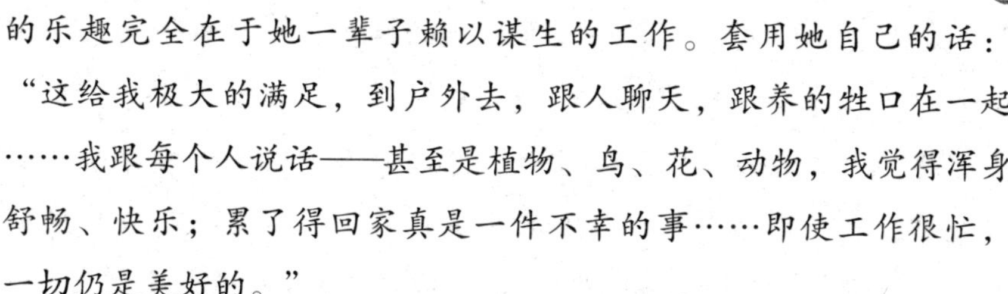

的乐趣完全在于她一辈子赖以谋生的工作。套用她自己的话：“这给我极大的满足，到户外去，跟人聊天，跟养的牲口在一起……我跟每个人说话——甚至是植物、鸟、花、动物，我觉得浑身舒畅、快乐；累了得回家真是一件不幸的事……即使工作很忙，一切仍是美好的。”

若问她，假如把全世界的时间和金钱都给她，她要做什么？沙拉菲娜笑了起来，把上面的话重述一遍：替母牛挤奶、赶牲口去草原、整理果园、梳理羊毛。沙拉菲娜对都市生活并非一无所知，她偶尔也看电视、阅读新闻杂志。她有很多年轻的亲戚住在大城市里，生活很富裕，拥有汽车、各种家电，每年出国度假。但他们时髦而现代的生活方式，对沙拉菲娜毫无吸引力。她对自己扮演的角色既满足又平静。

工作是我们生活中最重要的部分。人要追求幸福的生活，就必须工作。如果盼望不工作而幸福，那一定是空虚而没有希望的。

有这样一则寓言故事。

一个玩具士兵成天打瞌睡消磨时光，越过越烦。

“嘀嗒、嘀嗒……”闹钟每分每秒都欢快地歌唱，它对眼镜说：“我要把快乐之道告诉玩具士兵。”

“我觉得，切身体会胜过千言万语的说教。”眼镜说。

于是，闹钟告诉玩具士兵：“邮局正招收邮递员，你去试试。到时，你会和快乐手拉手。”

玩具士兵欢快地吹着口哨下班回来。“我知道了——无所事事难以快乐，能工作就是幸福！”

伏尔泰说过：“工作可以赶跑三个魔鬼——无聊、堕落和贫穷。”

无所事事的人是难以快乐的，这不免又让我们想起石油大王洛克菲勒给儿子信中的一个故事。

在古老的欧洲，有一个人在他死的时候，发现自己来到一个美妙而又能享受一切的地方。他刚踏进那片乐土，就有个看似侍者模样的人走过来问他：“先生，您有什么需要吗？在这里您可以拥有一切您想要的——所有的美味佳肴，所有可能的娱乐及各式各样的消遣，其中不乏妙龄美女，都可以让您尽情享受。”

这个人听后，感到有些惊奇，但非常高兴，他暗自窃喜：这不正是我在人世间的梦想吗？于是每天他都品尝各种佳肴美食，同时尽享美色的滋味。然而有一天，他却对这一切感到索然乏味了，于是他就对侍者说：“我对这一切感到很厌烦，我需要做一些事情。你可以给我一份工作做吗？”

侍者却摇头说：“很抱歉，先生，这是我们这里唯一不能为您做的。这里没有工作可以给您做。”

这个人非常沮丧，愤怒地挥动着手说：“这真是太糟糕了，还算是天堂呢！那我干脆留在地狱好了！”

“您以为您在什么地方呢？这里就是地狱。地狱与天堂的唯一区别就是没有工作！”那位侍者温和地说。

由此可见，失去工作就等于失去快乐。但是令人遗憾的是，有些人却要在失业之后才能体会到这一点。在这个金融风暴席卷全球的年代，很多企业随时面临倒闭，企业随时裁员，每一刻甚至每一秒都有人沦落到浩浩荡荡的失业大军中。而你能拥有一份稳定的工作和收入，这简直就是一种令人羡慕的幸福。

还有很多人把工作看成是苦差事，尤其是做自己不喜欢的工作，更近乎是一种折磨。然而，你想过没有，一旦没有任何事情可做，你不仅不能感到愉悦，反而会感到更加痛苦。爱尔兰作家巴克莱说过：“幸福有三个不可或缺的因素，一是有希望，二是有事做，三是有人爱。”有事做不是造成不幸的因素，而是使你幸福的一个不可或缺的

要素。

工作支撑起一个人的生活，支撑起一个人的人生。无论你处于何种环境、从事何种工作，都可以使自己幸福或不幸福，关键是你工作着是否快乐着。

我工作我幸福，工作着就是幸福的！理由很简单：一个找到工作的人就等于找到了幸福的源泉。

蜜蜂小语

每天快乐地穿梭于花丛中，勤劳地工作，幸福地生活。这就是对蜜蜂真实生活的写照。你想幸福的生活吗？那就先勤奋工作吧！

人生的价值在于勤奋工作

人生的价值在于工作，如果一个人对工作失去了兴趣，那么他也会对自己的生活失去勇气。工作是一个人的天职，只要我们勤奋工作，并认识到工作就是在为自己奋斗，那么我们就能感受到工作的伟大。

人人都有成功的潜能，区别在于他的潜能是否得到了充分的运用和发展。学者道格拉斯 · 斐杰斯说过：“真正的幸福包含了一个人能力与天资的完全运用。”正是在工作中，人的潜能得到了积极实现，使人感受到了生命的最高意义。如同诗人纪伯伦所说：“工作是看得见的爱，通过工作来爱生命，你就领悟了生命的最深刻秘密。”

工作就是人生。没有了工作，生命就会被腐蚀；工作若失去了意义，生命就会窒息、停滞。因此，一个人需要寻找工作的意义，提升生活的意义。

高尔基说过："天才就是劳动。人的天赋就像火花，它既可能熄灭，也可能燃烧起来，而使它成为熊熊烈火的方法，只有一个，那就是劳动，再劳动。"也就是说，只有勤奋地工作，才可能成为天才。

勤劳是世界各民族的共识，世界各民族都留下了许多关于辛勤劳动的至理名言。

只有勤劳的翅膀，才能证明人间并不远离天堂。（伊朗）

勤劳一日，可得一夜安眠；勤劳一生，可得幸福长眠。（意大利）

勤拿斧头的人不缺柴。（非洲）

勤劳意味着万物不缺，懒惰意味着一无所有。（尼泊尔）

勤劳是幸福用血汗创造出来的。（拉丁美洲）

诚实和勤勉，应该成为自己永久的伴侣。（美国）

自古以来，辛勤劳动也是中华民族始终保持的传统美德。从《尚书》中的"惟日孜孜，无敢逸豫"到《左传》中的"民生在勤，勤则不匮"，从"天道酬勤"到"业精于勤"，从"人生在勤，不索何为"到"克勤予邦，克俭于家"……无数的名言警句成为对这种伟大精神的生动写照。

鲁迅说过："哪里有天才，我是把别人喝咖啡的工夫，都用在工作上的。"在追求成功的道路上，除了勤奋是没有捷径的。古罗马有两座圣殿，一座是勤奋的圣殿，另一座是荣誉的圣殿。他们在安排座位时有一个顺序，就是必须先经过勤奋的圣殿，才能达到荣誉的圣殿。勤奋是通往荣誉的必经之路，那些试图绕过勤奋寻找荣誉的人，总是被排斥在荣誉的大门之外。

比尔·盖茨说过："我一生只敬重两种人，没有第三种。第一种是不辞辛劳的劳动者，他们勤勤恳恳，默默无闻，日复一日，年复一年，在改造自然的过程中，活出了人的尊严。我非常敬佩那些从事繁重劳动的体力劳动者。我钦佩的第二种人，是那些为了人类能有一个独立的、

丰富的精神世界而孜孜求索的人。他们的劳动不是为了一日三餐，而是为了增加生命的养分。”

一向信奉“一勤天下无难事”的台塑集团董事长王永庆，几十年如一日，每天晚上10点睡觉，2点半起床办公，每周工作100多个小时。他从不名一文的农家子弟到亿万富豪，从不识“塑料”二字的外行到赫赫有名的塑料博士、“世界塑胶大王”。

王永庆曾说过一段发人深省的话：“我幼时无力进一步学习，长大后必须做工谋生，也没有机会接受正规教育，像我这样一个身无专长的人，只有吃苦耐劳才能补其不足。我还常常想，由于生活的煎熬，我才产生了克服困难的精神和勇气，幼年生活的困苦，也许是上帝对我的赐福。”因此，吃苦耐劳是王永庆成功的撒手锏。

王永庆常说：“要常常警惕自己，稍一松懈就导致衰退，经常要有富不过三代的警觉。”

“一勤天下无难事”，王永庆的这句话贯穿了他整个奋斗的人生。任何一件事的成功都来自勤劳和不懈的努力，“天才出自勤奋”，勤能补拙，天道酬勤，只要能有一个“勤”字，心中有“勤”的理念，工作上有“勤”的态度，行为上有“勤”的习惯，许多事情都会迎刃而解。

在2008年第29届北京奥运会上，美国泳坛名将菲尔普斯九天摘取八金，打破七项游泳项目世界纪录，刷新了奥运会赛场上单人获得金牌的最高纪录。

在菲尔普斯获得令人瞩目的成功之后，很多人用“外星人”来形容这位年轻的美国选手，认为这样不可思议的成绩非人类可以创造。菲尔普斯当然不是“非人类”，他的身上没有“异物”，只不过手臂比一般人稍长一点而已，但这并不构成他必然在游泳上超出常人的理由。

菲尔普斯的成功固然与其天分有关，但更重要的还是后天的

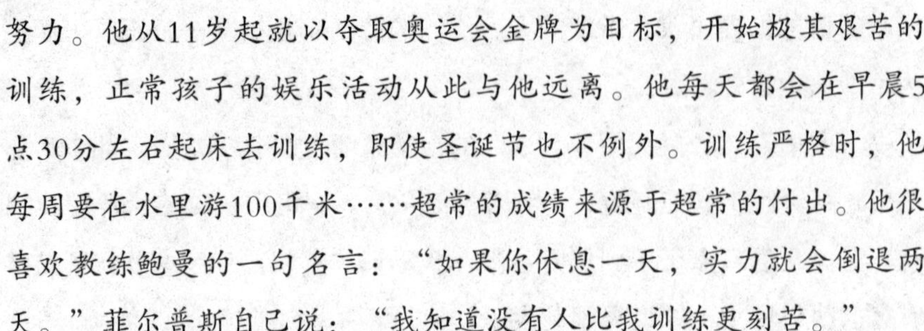

努力。他从11岁起就以夺取奥运会金牌为目标，开始极其艰苦的训练，正常孩子的娱乐活动从此与他远离。他每天都会在早晨5点30分左右起床去训练，即使圣诞节也不例外。训练严格时，他每周要在水里游100千米……超常的成绩来源于超常的付出。他很喜欢教练鲍曼的一句名言：“如果你休息一天，实力就会倒退两天。”菲尔普斯自己说：“我知道没有人比我训练更刻苦。”

菲尔普斯的非凡成绩，实践了奥林匹克的精神追求。他使人们看到人类不断超越自己是可能的，对人类来说，没有固定不变、不可超越的极限。但超越的前提是奋斗，没有持续不懈的坚持，没有超出常人的勤奋，就不会有游泳池里频频呈现的惊奇，就不会有世界纪录被一次次打破的精彩。

李嘉诚白手起家，成为享誉世界的华人企业家。他所取得的巨大成就离不开他的勤奋工作。当有人问他成功的秘诀时，他先讲了一个故事。

原一平在69岁时的一次演讲会上，当有人问他成功推销的秘诀时，他当场脱掉鞋袜，将提问者请上台，说：“请你摸摸我的脚板。”

提问者摸了摸，十分惊讶地说：“您脚底的老茧好厚呀！”

原一平说：“因为我走的路比别人多，跑得比别人勤。”

李嘉诚讲完故事后，微笑着说：“我没有资格让你来摸我的脚板，但我可以告诉你，我脚底的老茧也很厚。”

雷锋说过：“自己活着，就是为了使别人活得更好。”

年轻时代的马克思也曾说过：“那些为共同目标劳动而使自己变得更加高尚的人，历史承认他们是伟人；那些为最大多数人们带来幸福的人，经验赞扬他们是最幸福的人。”

革命英雄邱少云认为，为祖国的明天流血牺牲是一种幸福；人民公

仆孔繁森认为，“为官一任、造福一方”是一种幸福；普通售票员李素丽认为，给别人带来方便是一种幸福。

马克思还有一段名言是这样说的：“如果我们选择了最能为人类幸福而劳动的职业，我们就不会为它的重负所压倒，因为这是为人类所做的牺牲。那时我们感到的将不是一点点自私而可怜的欢乐，我们的幸福将属于千千万万的人。我们的事业并不显赫一时，但将永远存在。而面对我们的骨灰，高尚的人们将洒下热泪。”

我国伟大的文学家、思想家鲁迅，他弃医从文，用自己的劳动在极其黑暗的社会背景下为我们创造出大量优秀的精神食粮。他为人们的解放而不懈地勤劳地劳动着、奉献着，这样的人生不是更深意义上的幸福吗？

在美国，曾经有一个年轻人，接受了一位全国最富有的人的挑战，答应不要任何报酬，为这位富翁工作20年，他的名字叫希尔。

1908年，年轻的希尔去采访钢铁大王卡耐基。卡耐基很欣赏希尔的才华，对他说：“我向你挑战，我要你用20年的时间，专门研究美国人的成功哲学，然后给出一个答案。但除了写介绍信为你引见这些人以外，我不会对你提供任何经济支持，你肯接受吗？”希尔相信自己的直觉，接受了挑战。在此后的20年里，他遍访美国最富有的500名成功人士，写出了震惊世界的《成功定律》一书，并成为罗斯福总统的顾问。

关于吃亏还是讨便宜，希尔后来回忆说：“全国最富有的人要我为他工作20年而不给我任何报酬。如果是识时务者，面对这样一个荒谬的建议，肯定会推辞的，可我没有。”“吃得亏”，这就是希尔之所以能成功的全部秘密。

一位哲人说过：“你靠着你所得的过日子，但你却靠着你所给的建立你的生命。”

一份职业，一个工作岗位，是一个人赖以生存和发展的基础保障。同时，一个工作岗位的存在，往往也是人类社会存在和发展的需要。欧普拉曾说过："让你的工作成为一种回馈，这将使你的生命更有价值，也会让你感到快乐。"勤劳工作吧，你会从中体现自我价值，进而创造属于自己的幸福。

罗曼·罗兰说过："人生是一个永不停息的工厂，那里没有懒人的位置。因此，工作吧！创造吧！"用勤劳工作创造充实的一生，用勤劳工作创造你人生的价值。

蜜蜂小语

蜜蜂的一生的价值在于勤奋工作，它们勤于采蜜，在工作中体现自己的人生价值。它们辛苦不迭，任劳任怨，工作着、快乐着。

懒惰是成功的天敌

亚历山大征服波斯人之后，他注意到波斯人生活腐朽，厌恶劳动，只讲享受，惰性十足。他说不是他打败了波斯人，而是他们自己打败了自己，没有比懒惰和贪图享受更容易使一个民族奴颜婢膝的了，也没有比辛勤劳动的民族更高尚的了。一个民族惰性十足，整个民族也就无可救药了；一个人如果惰性十足，那么这个人也就彻底完了。因为，劳动创造了人类，劳动创造了世界，劳动净化了灵魂。如果一个人厌恶劳动，惧怕艰苦，大脑得不到进化，又不能创造物质来供自己享用，就更谈不上事业成功了。

懒惰可以毁灭一个民族，要毁灭一个人更是轻而易举的事了。人们

一旦背上懒惰的包袱，就会成为一个精神沮丧、无所事事、浑浑噩噩的人。那些生性懒惰的人不可能成为事业成功者，他们纯粹是社会财富的消费者，而不是社会财富的创造者。

在人类社会中，勤劳者光荣，懒惰被视为可耻的行为。懒惰是对自身资源的巨大浪费，是成功的天敌，即使再有天资的人，一旦养成了懒惰的习惯，那么他就是踏上了一条与杰出相背离的道路。

有这样一个笑话。有一个男人，家中比较富有，所以他养成了好吃懒做的坏习惯，连吃饭也要太太来喂他。有一天太太要回娘家，要几天后才能回来，太太临走时给他做了一个很大的饼，在饼的中间弄个圈，套在他的脖子上。这张饼足够他吃一个星期的，可是等太太回来后，发现丈夫已经饿死了。原来他只把嘴前吃得到的饼吃光，就再也懒得动手转圈吃后面的了。

或许故事有些过于夸张，现实生活中并不存在如此懒惰的人，但是懒惰带来的恶果却是切切实实存在的。科学研究表明，懒散消沉、不思进取，对身体和心理都非常有害，主要体现在以下几方面。

第一，思维迟钝。惰性使大脑机能得不到充分发挥，大脑内啡肽及脑内核糖核酸等生物活性物质的水平降低。长此以往，则使大脑功能逐渐退化，思维及智能逐渐迟钝，分析判断能力下降。

第二，免疫力下降。人体的免疫功能与运动密切相关。懒散者活动较少，四肢惰怠，久而久之，会使肌体内的免疫功能变得弱化。

第三，身心疾病。惰性产生的消极心理会影响内分泌功能，而内分泌功能的改变又会增加人的紧张心理，形成恶性循环，导致身心疾病的发生。

懒惰的伤害是全面的，它不仅会使人体机能退化，更是成功的大敌。它永远是世界上最大的奢侈和诱惑的温床，是疾病的摇篮、时间的浪费者、幸福的蚕食者。

生活中无论大事小事，无一不是在勤奋中实现，在懒惰中荒废。不求学习，就不可能拥有知识和能力；不去工作，就不可能拥有财富和乐趣；懒得洗漱，就不可能拥有整洁和清爽；懒得动腿脚，就不可能领略自然界的美妙和神奇；不去交流，就不可能得到朋友和友情；不去努力，就不可能获得杰出成就；不去前行，就只能原地踏步；不去思考，就永远不可能成熟。有时候，我们总是在赞叹别人的成功，别人的风光，别人的富有，而自己却懒得行动，不肯付出，到头来，生活还是那样的生活。“临渊羡鱼，不如退而结网。”只要行动，只要努力，总是会有收获的。如果只是幻想而懒得实践，只能是一事无成，空有欢喜。

古人云：“精勤则道成，懒惰则道败。”精勤的人必定会用汗水和勤劳赢得生活的灿烂和人生的辉煌，收获累累硕果；懒惰的人，注定学业无成，事业失败，生活混乱，最后只能是两手空空。

学者克雷洛夫告诉我们：“好逸恶劳，人之常情。”正因为这是人之常情，我们才需要不断鞭策自己。每个人都有允许自己偷懒的时候，但是杰出者与平庸者的区别在于对待偷懒行为的不同方式。杰出者有一个目标，也有一条准则，准则督促着自己不要懒惰，要向目标不断迈进。而平庸者则放纵自己懒惰，并任由懒惰成为一种习惯，仿佛在享受一种闲适，其实在虚度自己的人生。

或许有的人会说，自己天赋不错，比起其他人来说有懒惰的资本，别人忙一周的工作我只需要一天就能办完。但事实上，非凡的才华也会被懒惰扼杀。况且，你仅仅将标准放在那些天赋不如你的人身上，总有一天，他们也将超过你。因为你变成了龟兔赛跑里那只空有一身优势却睡懒觉的兔子。

懒惰和贪图安逸只会让人变得堕落和退化，只有勤奋才是高尚的，它将带给你人生真正的成功与幸福。所以，千万不要让懒惰支配你，一

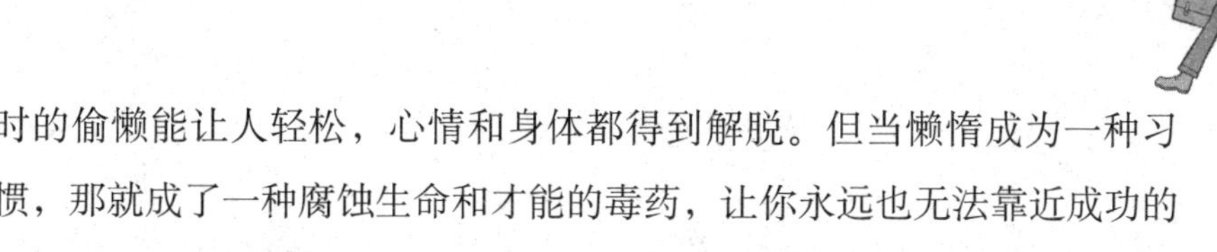

时的偷懒能让人轻松，心情和身体都得到解脱。但当懒惰成为一种习惯，那就成了一种腐蚀生命和才能的毒药，让你永远也无法靠近成功的彼岸，只能停留在原地踏步，甚至还有倒退的危险。

那么，我们应该怎样同懒惰作斗争呢？

第一，制订计划并立即行动。把自己想要达到的目标阶段化，制订出具体的行动步骤，最好具体到每一天。按计划行事，今天的事情今天做，绝不拖到明天。

第二，抱着早做完、早舒服的想法，任务完成了，就安安心心地做别的事情。这样既觉得充实愉快，又能在完成任务后体验到一定的成就感，从而增强向下一个任务挑战的信心和动力。

第三，要保持乐观的情绪，不要动不动就生气。遇到挫折时，生气是无能的表现。正确的做法应该是冷静地查找问题出在哪里，或是自我解脱，或是与别人商量，哪怕争论一番对扫除障碍都有益处。这个过程带来的喜悦能使你更加积极向上。

第四，学会肯定自己，勇敢地把不足变为勤奋的动力。学习、工作时都要全身心投入，争取最满意的结果。无论结果如何，都要看到自己努力的一面。如果改变方法也不能很好地完成，说明或是技术不熟，或是还需要完善其中某方面的学习。你扎实的学习最终会让你成功的。

第五，必要的话，请别人监督自己。有了监督，多少都会产生些压力，这样有利于严格要求自己，做到言必信，行必果。

这样努力一段时间后，你将发现自己的精神面貌焕然一新，不仅有了坚强的毅力、乐观的情绪，还取得了不少让自己颇感自豪的成绩。如此坚持下去，这种勤奋进取的精神就会成为一种习惯，并将陪伴着你由平凡走向杰出。

懒惰是成功的天敌，如果你想要成功就必须远离懒惰，学会做一个勤奋的人。

蜜蜂小语

懒惰的人不会有任何作为。蜜蜂也是如此，在蜜蜂种群中，懒惰是坚决被杜绝的。它们的全体成员都在勤勤恳恳地工作，创造着属于自己的成功。

不为懒惰找借口

为懒惰找借口的人，永远不会有所成就，它们整天碌碌无为，却又为自己的这种行为找借口，以求心安理得的生活。

懒惰是万恶之源，而懒惰最常用的借口就是“没时间”。有时你会听到这样的说辞：“等我有空再做。”这句话通常表示“等手上没什么重要的事情时再做”。事实上，永远没有所谓“空”的时间。你可能有“休闲”时间，却没有有“空”的时间。在休闲的时候，你也许会躺在游泳池边尽情玩乐，但这绝不是“空”的时间——你的每一分钟都很值钱。

凡在事业上有所成就的人，都有一个成功的诀窍：变“闲暇”为“不闲”，也就是不懒惰，不贪逸趣。爱因斯坦曾组织过享有盛名的奥林比亚科学院，每晚例会，与会者总是手捧茶杯，边饮茶边议论，后来相继问世的各种科学创见有不少产生于饮茶之余。据说，茶杯和茶壶已列为英国剑桥的一项“独特设备”，以鼓励科学家们充分利用余暇时间，在饮茶时沟通学术思想，交流科技成果。

“闲不住”的人们还在闲暇时间里积极开创自己的“第二职业”。

在概率论、解析几何等方面有卓越贡献的费尔马，他的第一职业是法国图卢西城的律师，而数学则是他的“第二职业”。哥白尼的正式职业是大主教秘书和医生，而创立太阳系学说却成为他“第二职业”的研究课题。富兰克林的许多电学成就是在当印刷工人时从事“第二职业”的成果……

“闲不住”的人们还在闲暇时间里虚心向社会上的能人贤者求教。托尔斯泰曾在基辅公路上不耻下问，请教有丰富生活经验的农民。达尔文曾在科学考察途中，拜工人、渔民、教师为师。不甘悠闲，不求闲情，已被很多实干家和科学家视为人生的准则。

在生活中，有各种各样的度过闲暇时间的方式。有人利用闲暇时间博览群书，汲取知识的甘泉；有人利用闲暇时间游历名山大川；有人利用闲暇时间广交朋友，撒下友谊的种子；有人利用闲暇时间进行美术创作，摸索篆刻艺术，构思长篇小说，让思维张开想象的翅膀……

当然，也有一些人的闲暇时间是白白流逝的。他们或堕入“三角”甚至“多角”的情网，或沉溺于一圈又一圈的纸牌“漩涡”，或陶醉于“摩登”“时髦”的家具摆设，或无聊地徘徊于昏暗的街灯之下。正如有人所说，日常生活中，消磨于极平常的或者接近于没有价值的事情为数不少。

事实正是这样，无所事事进而无事生非所造成的悲剧并不鲜见。研究人员曾多次到监狱进行调查，让130名青年犯人回答有关闲暇时间的若干问题。结果有89%的人说，他们犯案作科都是在闲暇时间进行的。有63.9%的人说他们入狱前的业余生活是庸俗无聊、低级趣味的，总想寻求刺激，折腾闹事。有85%的人说，他们之所以犯罪，基本上是因为在闲暇时间结交了思想落后、品质恶劣的坏朋友。

不可否认，懒惰的人永远都觉得时间不够用，又觉得时间过得好漫长。因为懒惰，所以平时不愿意多思考，多学习，到干起活来不是这里

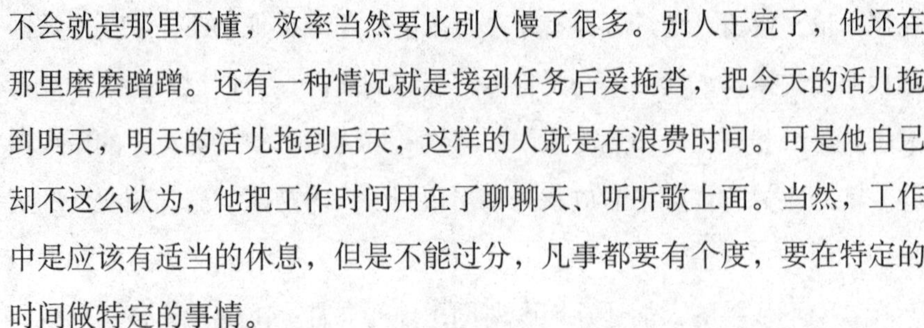

不会就是那里不懂，效率当然要比别人慢了很多。别人干完了，他还在那里磨磨蹭蹭。还有一种情况就是接到任务后爱拖沓，把今天的活儿拖到明天，明天的活儿拖到后天，这样的人就是在浪费时间。可是他自己却不这么认为，他把工作时间用在了聊聊天、听听歌上面。当然，工作中是应该有适当的休息，但是不能过分，凡事都要有个度，要在特定的时间做特定的事情。

一般来说，懒惰的生命表现形式最主要的就是贫穷。俗话说："因人懒惰，房顶塌下；因人手懒，房屋滴漏。"

有个农村小伙年轻力壮，但却穷得叮当响，可以说家徒四壁。不用问为什么，就是因为懒。平时，他懒得煮早餐，有时连午餐也一样懒得煮。家中许多坏了的东西，本来动手修修就可以再用，但他就是懒得修，为了图方便就去买新的。他嘴上常常挂着一句话："太麻烦了。"因为怕麻烦，常常给自己带来不小的损失。比如，他家里养了几十只鸡，家人要他到市场零售，但他又说"费事"，于是不管三七二十一批发给人便算了。结果，一只鸡少赚了三四十元，共计损失上千元。本来弟兄姊妹都想帮助他，但后来知道他的贫穷是由懒惰造成的，而又不思悔改，于是大家就都不愿意帮助他了。在生活水平已经提高了的今天，这个人仍然过着吃了上顿没下顿的日子，真的是很可悲。

如果你有懒惰的习惯，下面几个建议可以助你成功。

第一，使用日程安排簿。如果你对何时应做何事心中无数，这个工具有助于你把所有资料有条理地记录在一个地方。"富兰克林计划簿""每日安排簿"和"日程簿"都是极好的工具。

第二，在家居之外的地方工作。如果你不容易调动自己的积极性，或许说明你需要换个环境了。许多人在家里养成了一套习惯，怎么也摆脱不了。另外一些人，家里使他分心的东西多——电话铃、门铃、家人邻居干扰、电视机、录音机、家务活等。所以，离开家你或许能专心工

作。这也许是你为了能开展工作要做的唯一的自我约束。

第三，及早开始。有时你会突然意识到因为开始太迟而无法完成当天想做的事。这是最令人失望的。许多人在意识到时间不够而无法做他计划中的事时，干脆把整天一笔勾销，什么都不干。遇到这种情况，最好的解决办法就是养成及早开始的习惯。

“天下没有免费的午餐。”春天播种，秋天才有收获。在生活中，付出的越多，得到的越多。任何一项成就的取得，都是与勤奋分不开的。勤奋是通往成功的必由之路，是打开幸运之门的钥匙。在人生中，一定要有适合自己的明确目标，而且为了实现目标要不懈努力。只有这样，才能克服懒惰，取得成功。

蜜蜂小语

蜜蜂仿佛永远都是勤勤恳恳、任劳任怨地工作。它们从不找借口，因为，它们对工作从不懈怠。

蜜蜂法则三

勇于负责，拒绝推诿担重任

对责任的理解通常可以分为两种意义。一是指分内应做的事，如职责、责任等。二是指没有做好自己工作，而应承担的不利后果或强制性义务。在工作中我们一般所说的责任是指第一种，即我们分内应做的事。当我们需要承担这些分内事的时候，切不可推脱。责任感是道德的一种体现，无责任感的人何谈道德？请重视责任，勇于承担责任吧！

切不可随便推卸责任

责任心，是每一个职场中人的第一素质。现在很多年轻人因为缺乏责任感被人诟病。作为一个职场中人，学习建立起负责任的观念，会让主管、同事信任。抱着尽职尽责的态度去工作，你的业绩会更加优秀。

美国前总统杜鲁门有一句著名的座右铭：“责任到此，请勿推辞！”“记住，这是你的工作！”每一个优秀的员工都应牢牢记住这句话，哪怕遇到再大的困难，我们也要服从上司的命令，切不可随便推卸责任。

作为一个在职工作人员，如何履行好自己的职责？

第一，要有责任心。这是履行好岗位职责必须具备的工作态度。没有积极正确的工作态度，没有强烈的责任心，是无法干好自己的本职工作的。无论处于什么样的工作岗位，担任什么样的工作职务，都只有安守工作岗位、热爱本职工作才能对自己的工作有责任心。当然，人人都希望拥有一个能够得到充分尊重、安全舒适、薪水丰厚、称心如意的工作，既没有上司的呼来唤去，也没有下级琐事的打扰；既没有工作压力，也没有失业风险。

然而，这种理想的工作岗位，在现实生活中是不可多得的。人尽其才，这是理想化的用人之道，也是现代人力资源管理努力追求的方向目标，而现实中这种恰如其分的匹配是极少的。

那么，面对这种现实情况应该怎么做呢？不妨尝试一下“既来之，则安之”的自宽做法，从心理上消除对你个人工作岗位的成见，静下心来，倾注你的感情，使自己逐渐去适应岗位工作，而不是要工作来适应你。一分耕耘，一分收获。从完成的工作中寻找成功的满足感和成就感，也许你会发现你的岗位并不那么令人厌烦，你的工作又是多么的让人心动。这时你会后悔自己当初的想法又是多么稚嫩可笑。安心自己的工作岗位，对工作有了感情，那么自然而然就有了工作的责任心。

第二，应有工作技能。这是履行好岗位职责必须具备的能力要求。

要想履行好岗位职责，除必须具备强烈的工作责任感以外，还必须要有一定的知识水平和工作能力。没有金刚钻就无法揽下瓷器活，光有工作热情而不具备工作能力，是无法适应岗位需要干好工作的。

工作能力是干好工作的必要条件。正因为如此，所以每位工作人员都应该具备适应自己工作岗位的知识水平和工作技能。也许你的知识水平和工作能力应对你目前从事的工作得心应手、游刃有余，也可能确实是有点大材小用。但也不应好高骛远，这山望着那山高，岂不知有“三百六十行，行行出状元”的道理？你能力出众，工作更应出色。

也许你原来具备适应岗位工作需要的知识水平和工作能力，但也必须考虑到社会形势的发展变化，考虑到科学技术进步的日新月异，原有的知识可能早已被淘汰，原有的技能也可能早已落伍，所以无论谁都没有理由一劳永逸，不思进取。居安思危，未雨绸缪，不断丰富充实自己才是应有的态度。

第三，要有纪律观念。这是履行好岗位职责的重要条件。没有规矩不成方圆。只要生活在现代社会，就必须受一定纪律的约束，特别是对于现代企业制度下的员工，更需要具有牢固的纪律观念。纪律观念和责任感是紧密联系的，没有纪律观念就不可能有什么工作责任感，同样没有工作责任感也就表现不出好的纪律观念。

对于员工来说只有树立了牢固的纪律观念，才能自觉遵守单位的规章制度和各项管理规定，工作中才能按规程操作照章办事，才能表现出对工作负责的态度。

第四，要有安全意识。安全意识是履行好岗位职责的前提保证。安全是为了工作，工作必须安全。假若一名职工没有安全意识，不管有多高的工作热情，有多强的工作能力，这样的职工也是不称职、不合格的职工。

因为离开了安全意识，无论对个人还是对企业都是一种很大的潜在威胁，意味着时刻有发生安全事故的可能性，一旦酿成事故，就会给企业与个人造成不可估量的生命财产损失。特别是在大力提倡以人为本的今天，更应把安全意识摆在十分重要的位置。

安全意识也是工作责任感的本质要求，所以要想切实履行好岗位职责，就必须有安全意识。

第五，要有实干精神。干好工作必须有实干精神，空谈只能误事。假设没有扑下身子、放下架子的实干精神，无论干什么样的工作，从事什么样的职业都会一事无成。光说不做等于没说，在实际工作中应该是少说多做。

讲究实干要从小事做起、点滴做起，小事做多了就成了大事。我们都清楚这样的道理，现实中不论在哪个领域成就事业的人，都不是一开始就干出石破天惊的大事，都不是一鸣惊人的。

美国前教育部长威廉·贝内特曾说：“工作是我们用生命去做的事。”对于工作，我们又怎能去懈怠、轻视、践踏它呢？我们应该怀着感激和敬畏的心情，尽自己的最大努力，把它做到完美无缺。

在工作中，凡是负责任的人都会得到褒奖，不仅是金钱还有荣誉。负责任就是积极担负起属于你的事情，而不是被动地去完成。这就是说，当你被告知过一次后再做同类事情就不需要再被告知了。

另外一些人，他们直到被告知过多次后才去做事情，这种人得不到

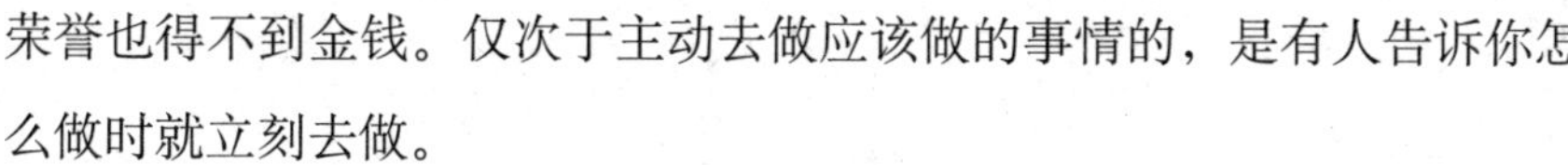

荣誉也得不到金钱。仅次于主动去做应该做的事情的，是有人告诉你怎么做时就立刻去做。

还有一类人，只有当他们被逼无奈时，才会去做事。这类人只会遭到漠视，收入自然十分微薄。这些人一生中大部分时间都在盼望幸运之神会降临到自己身上。更次等的人，只在被人从后面踢时才会去做他应该做的事，这种人大半辈子都在辛苦工作，却不停地抱怨运气不佳。

如果大家都不愿面对现实，更不愿承担责任，那么，这种态度对于我们所追寻的理想、所期望的目标、所经营过程中的那番苦心，都是一种很大的打击。

推卸责任成了一部分人的思维定式，一遇到事情，他们就会习惯性地说“不”，这样久而久之，连他们本来能够胜任的东西也不擅长了。等待他们的似乎只有一种结局：庸庸碌碌，无所作为。

蜜蜂小语

蜜蜂成群结队去工作的时候，总能各司其职、有条不紊地开展工作，归根结底是责任心的具体表现。

把责任感落实到工作中

一位曾多次受到企业嘉奖的员工说："我因为责任感而多次受到企业的表扬和奖励，其实我觉得自己真的没做什么，我很感谢企业对我的鼓励，其实担当责任或者愿意负责并不是一件困难的事，如果你把它当作一种生活态度的话。"

其实，在很多培训中都有关于责任感的训练。注意生活中的细节也有助于责任的养成。大家都说习惯成自然，如果责任感也成为一种习惯时，也就慢慢成了一个人的生活态度，你就会自然而然地去做，而不是刻意去做的。当一个人自然而然地做一件事情时，当然不会觉得麻烦和累。

当你拥有了一份工作之后，你最重要的精神素养，就是做一个负责任的人。责任感是你最宝贵的工作品质。正是这种工作品质，决定了你比别人做得更好。

把责任感落实到工作中。在这个世界上，没有不承担责任的工作，相反，你的职位越高、权力越大，你肩负的责任就越重。不要害怕承担责任，要下定决心，你一定可以承担任何正常职业生涯中的责任，一定可以比前人完成得更加出色。

我们不仅要把责任落实在工作中，而且要贯彻始终。

有个老木匠准备退休，他告诉老板，说要离开建筑行业，回家与妻子儿女享受天伦之乐。老板舍不得做得一手好活计的木匠走，再三挽留，老木匠决心已下不为所动。老板只得答应，但问老木匠是否可以帮忙再建一座房子时，老木匠答应了。在盖房过程中，大家都看得出来，老木匠的心已不在工作上了。用料也不那么严格，做出的活计也全无往日水准。老板并没有说什么，只是在房子建好后，把钥匙交给了老木匠。“这是你的房子。”老板说，“我送给你的礼物。”老木匠愣住了，同样，他的后悔与羞愧大家也都看出来了。他这一生盖了多少好房子，最后却为自己建了这样一幢粗制滥造的房子。

老木匠没有保有自己的责任，之后只能制造出“耻辱”。

当你对工作有责任感时，工作对于自身的意义就不仅仅是赚钱那么简单，也就不会因为企业的规定而觉得自己的自由受到了羁绊，更不会做出违背企业利益的事。

种瓜得瓜，种豆得豆。人们必须为自己的行为负责，对在职场生存的员工来说，尤其如此。责任感就是为自己的承诺负责、为自己行为的后果负责的一种踏踏实实的工作精神。

成功的人必然具备某些条件，其中之一就是责任感。固然，聪明、才学、机缘等都是促成一个人成功的必要因素，但倘若缺乏了责任感，他仍不会成功。一个人即使不聪明没有才智，但假如他肯对工作负责，尽自己的努力，那么，他成功的机会肯定比只有聪明才智而无责任感的人要多。

责任感落实到日常工作中是责任心。从事的工作不同，能力和作用自然不同，但无论是谁，系于责任就没有小事。我们只有增强责任心，培养责任感，提高责任意识，才能凝心聚力，企业才有动力，企业才能做大做强。

责任感是我们员工的必备素质之一。专业知识不够，我们可以学；专业技能不到位，我们可以练。但是，如果没有责任感，那所有的豪言壮语，都只会是海市蜃楼般的空中楼阁。试想，一个没有责任感的人，在工作时一定不会认真，对他的工作是否有成绩也不会很细心地检讨，也不愿承担工作失败的后果。

对工作的责任感与忠诚同样重要，特别是对自己真正有兴趣，而打算作为终身事业的工作，更是要认真负责地去用心。单是尽力并不一定是有责任感。尽力有时是为了生存，为了个人利益或虚荣；真正的责任感应该是：为了自己的梦想，为了自身所追求的事业，为了自己和家人的幸福而工作。

同样，一个人的责任感不一定要由大事件来衡量。由平常的小事也可以显现出他的负责和认真，应该说是更能表现出他的工作素质。我们看一个人是否每天上班都能按照工作制度、岗位要求做到条条到位；是否能避免马虎带来的错误，即使有错误的时候也能勇于承认，立刻弥补；这不仅反映一个人的责任感程度，更能预示一个人的成败。

当你完成一天的工作以后，你是否习惯去回忆总结一下它的成败得失呢？如果你有这个习惯，那你就是一个负责的人。当你开始一天新的工作时，你是否习惯去设想分析一下可能遇到的情况呢？如果你做到了，那你就离成功不远了。因为有了总结得失，你才可能发现工作中的错误和疏漏，才可以及时去改正，才能避免下次再犯错。事后的检讨是进步的来源，这个过程并不是要你去做无益的追悔，而是要你从中获得可贵的经验。同样，事前的详细准备并不是要你悲观失望甚至退缩，它带给你的会是条理清晰的措施、胸有成竹的心理和沉着冷静的心态，唯有这样，我们才能在任何情况下都能应对自如。

一时的热忱工作容易，持久的热忱困难；短暂的成功容易，持续的胜利困难。我们唯有以强烈的责任感为基石，以旺盛的学习精神为动力，才能在工作中扬帆前进，才能保持一个个安全记录；才能经营出企业的特色，才能完成企业战略目标；也唯有这样，我们才能时时求新、

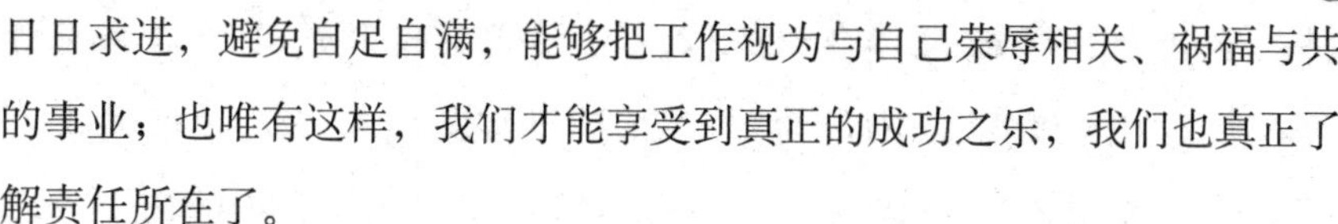

日日求进，避免自足自满，能够把工作视为与自己荣辱相关、祸福与共的事业；也唯有这样，我们才能享受到真正的成功之乐，我们也真正了解责任所在了。

责任也与个人的工作和生活密不可分，与企业的生存和发展密切相关，与国家的尊严休戚与共。每个人要承担起自己应尽的责任，把单位当成自己的家，对单位做出贡献，具有积极向上、不屈不挠、拼搏进取、吃苦耐劳、勤奋好学的精神。只要我们尽到自己应尽的责任，快乐便会在辛苦的付出中体现，并能赢得人们的尊敬，进而受到企业重用，从而实现个人的价值。而企业只有承担起应尽的责任，为广大的职工创造更多、更好的福利，才具有凝聚力和向心力，最终才有活力，才能够不断地发展壮大，做大做强。

蜜蜂小语

蜜蜂在工作时善于把责任感落实于具体工作过程中，所以它们的工作才会繁忙而有序，而且富有成效。

责任感是成功的保证

责任感是对工作的一种态度，在工作中有无责任感至关重要，它关系到一个人或一个企业成功与否。

1995年，在湖南远大公司，一台运料汽车在厂区里面漏了油，吃中餐的时候，几百名员工路过那里都看见了一大摊油迹。董事长张跃看到后火冒三丈，下令用这件事情作为公司的典型教

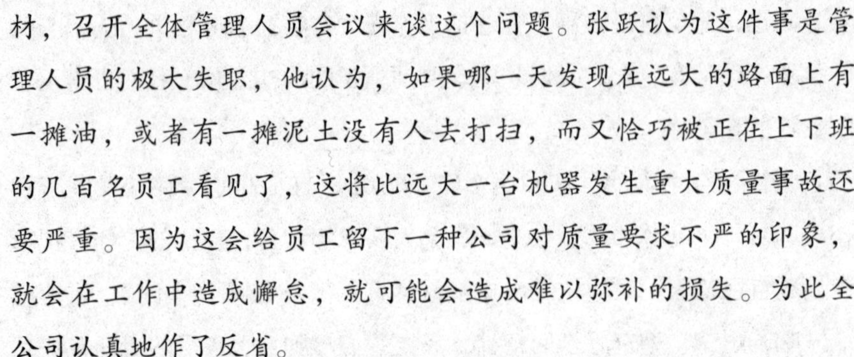

材，召开全体管理人员会议来谈这个问题。张跃认为这件事是管理人员的极大失职，他认为，如果哪一天发现在远大的路面上有一摊油，或者有一摊泥土没有人去打扫，而又恰巧被正在上下班的几百名员工看见了，这将比远大一台机器发生重大质量事故还要严重。因为这会给员工留下一种公司对质量要求不严的印象，就会在工作中造成懈怠，就可能会造成难以弥补的损失。为此全公司认真地作了反省。

承担责任不分大小，只论需要。无论是大的责任还是小的责任，你都应该承担。一丁点儿的不负责，就可能使一个百万富翁很快倾家荡产；而负责任却可能为一个企业挽回数以千万计的损失。每个老板都很清楚自己最需要什么样的员工，哪怕你是一名最不起眼的普通员工，只要你担当起了自己的责任，你就是老板最需要的员工。

经常有人说“公民应该为国家承担责任”“公民应该为社会承担责任”“男人应该为家庭承担责任”，但很少有人说“员工应该为企业承担责任”，因为在这些人的眼里，只有老板才应该为企业承担责任。难道真的是这样的吗?

社会学家戴维斯说过：“自己放弃了对社会的责任，就意味着放弃了自身在这个社会中更好的生存的机会。”同样，如果一个员工放弃了对企业的责任，也就放弃了在企业中获得更好发展的机会。在这个世界上，每个人都扮演了不同的角色，每一种角色又都承担了不同的责任，从某种程度上说，对角色的饰演就是对责任的完成。坚守责任就是坚守我们自己最根本的人生义务。作为企业的一名员工，你在企业里面也扮演了一个角色，理所当然地要去承担责任。

一个人的成长可以说与事业的发展是同步的。我们常说一个人需要不断地成长，不是简单地指一个人自然的身体生长，而是说一个人首先能够在社会上立足，然后取得一定的发展。所谓“三十而立”，“立”

的是一个人的家庭与事业。要想在当今这个竞争激烈的社会取得一席之地，并且能够“立得起”“立得住”“立得稳”，就必须要有事业，因为事业才是一个人在社会上立足的根本。事业是基础、是保障，事业越发展，意味着一个人越成功、越成熟。当然，事业也不是一蹴而就的，正如一个人不可能生下来就会跑会跳，它也需要从基础开始，脚踏实地从每件事情做起。换言之，一个人要成长，要想事业有成，就必须有一个成长与发展的平台，这个平台就是工作。如果没有企业提供工作机会与岗位，不要说是成长与发展，就连生存都存在危机。所以，任何一个要想成就自己职业生涯的员工，都应懂得去珍惜每个工作岗位、每次工作的机会。唯有这样，才可能达到自己职业生涯的高峰。

因为家庭贫困，清豫初中便辍学外出打工。在老乡的介绍下，清豫进了浙江一家生产摩托车配件的民营企业，没有人看好这个半文盲的乡下小子。虽然都是打工，但那些懂技术或者跟老板沾亲带故的员工都瞧不上清豫，有的甚至干脆就把他当成一个呼来喝去的打杂小伙计。虽然不被别人看好，但清豫没有因此而自卑，没有看不起自己。相反，从进厂第一天起，他就暗自下定决心：一定要学会手艺，而且要当手艺最好的师傅。

清豫开始利用一切机会、一切可能的方法，去向老师傅们请教学习，甚至不惜忍受别人无情的嘲讽与责骂，去偷师学艺。功夫不负有心人，在不知不觉中，清豫已经默默成长为一名经验老道的年轻小师傅了。但这名小师傅，仍旧是谦虚谨慎，保持着低调，但其他人仍未看好他。直到有一次，清豫露了一手，震住了全车间的人，大家才对他刮目相看。

当时，大家碰到一个前所未见的技术问题，偏巧技术主管出差在外，一时无法赶回来。老板急得直跺脚，这一耽搁不仅是时间，还有可能要承担违约责任，那可是一笔巨额赔偿金啊！有的员工抱着事不关己、高高挂起的态度，站在一边袖手旁观。还有的员工因为心中不满，虽然嘴上没说什么，但心底却乐开了花，躲到角落里幸灾乐祸。更多的人，则是抱着多一事不如少一事，害怕承担不利后果，不愿意去解决那个难题。

正当大家各怀心思的时候，清豫毛遂自荐，主动要求去试试。老板无法，权当死马当活马医，便授权让清豫放手去干。结果，清豫不辱使命，熬了一个通宵，终于找到问题所在，并且“手到病除”。

清豫“一战成名”，连技术主管也开始对清豫刮目相待了。有些厂子知道清豫的技术后，或明或暗都开出了高薪来挖人。清豫却不为所动，他深知自己的一身技能是企业里老师傅们传授的，自己有责任和义务与厂共进退。因为这个企业才是自己进一步发展的最好平台。老板得知清豫的想法后，非常欣赏清豫的敬业与忠诚。为了回报清豫，同时也是为了能留住这样难得的优秀人才，颇有远见的老板决定“放水养鱼”：拿出自己的一部分股份赠予清豫，同时升清豫为技术支持部的助理，直接负责生产车间的技术问题。

清豫用对工作的责任感，实现了自己的承诺，成了厂里最好的师傅。事实上他的所得，已经远远超出了他自己的预期——当手艺最好的师傅，而上升为一名企业里的小股东。任何人只要明白自己的成长与事业的发展是同步的，都需要借助企业这个发展平台，那么也就会更好地理解“工作(打工)不是为了老板，而是为了自己”这句话的真正含义了。

人总是要成长的，只有足够成熟的时候，才会去真诚地对待自己的事业。这话听起来或许有点绝对，但事实确实如此。不够成熟的人做事不会去考虑后果，在他的想法中，想到了就去做才是最正确也是最直接

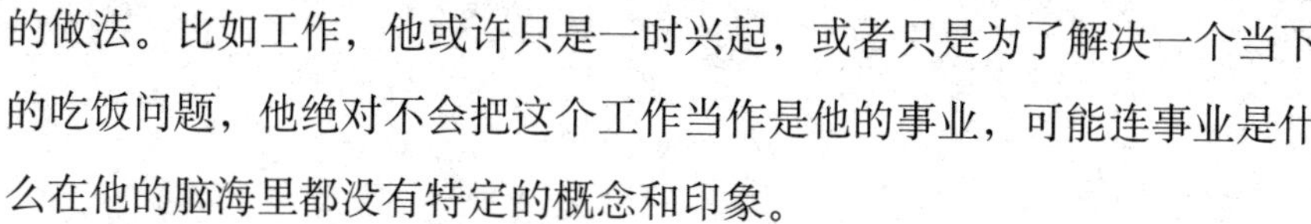

的做法。比如工作，他或许只是一时兴起，或者只是为了解决一个当下的吃饭问题，他绝对不会把这个工作当作是他的事业，可能连事业是什么在他的脑海里都没有特定的概念和印象。

所以说，一个人要想事业有所发展，首先从思想上便要有所悟。人只有悟到才成长了，才能认真对待自己的事业，这样的事业才有发展的可能性。换句话说就是，人的成长与事业的发展是同步的，是相辅相成的。

明白了个人成长与事业发展同步的道理，还需要落实到具体的行动上。这行动便是脚踏实地去做好每件事，用你的责任心去认真完成每项任务。“没有最好，只有更好”，任何一个岗位，任何一项工作，只要用心去做，总能做到精益求精。没有做不好的工作，只有不想做的心思。很多人之所以一事无成，或者总处于一种半瓶水的状态，最重要的一个原因就在于缺乏责任感，所以最终一事无成。责任感是成功的保证，没有责任感连基本的生活尚且保证不了，何谈成功呢？

蜜蜂小语

蜜蜂群体为什么会在采花蜜事业上做得如此成功呢？究其根本是它们把责任感贯彻工作的始末，以责任感为保证的事业自然是成功的。

生命的意义在于责任

“人往高处走，水往低处流。”每个人心中都有一个“流芳百世”的梦想，但是这样的梦想要从哪里开始呢？那就是先从自己开始，让自己有责任心、有责任感。

责任其实就是一种职责或任务。它伴随着人类社会的出现而出现。人一生的责任又是无处不在的，人的一生又都在不停地扮演着各种角色，而责任存在于每一个角色中。

父母养儿育女，老师教书育人，医生救死扶伤，工人铺路建桥，军人保家卫国……人在社会中生存，就必然要对自己、对家庭、对集体甚至对祖国承担并履行一定的责任。

而人生最本之初的生命意义就是在于让自己有责任感。

责任其实就是上天赋予我们的职责，它伴随着每一个生命的始终。从根本上讲，任何一个生命体的背后，必然存在着一种无形的精神力量，这种力量使得我们敢于承担责任。

从前，有个国王叫狄奥尼西奥斯，他统治着西西里最富庶的城市西提库斯。他住在一座美丽的宫殿里，里面有无数价值连城的宝贝，一大群侍从恭候两旁，随时等候吩咐。

狄奥尼西奥斯拥有如此多的财富、如此大的权力，自然很多人都羡慕他的好运。达摩克利斯就是其中之一，他可以说是狄奥尼西奥斯最好的朋友。达摩克利斯常对狄奥尼西奥斯说：

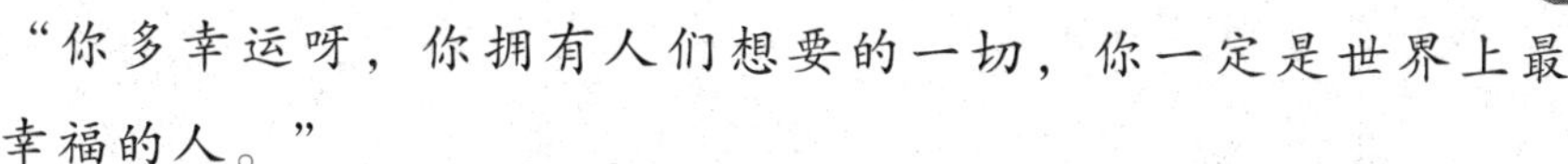

“你多幸运呀，你拥有人们想要的一切，你一定是世界上最幸福的人。”

而狄奥尼西奥斯却听厌了这样的话，有一天，他问达摩克利斯：“你真的认为我比其他人都要幸福吗？”

“当然是的，”达摩克利斯回答道，“看你拥有的巨大财富，握有的巨大权力，你一点烦恼都没有。生活还有什么比这更幸福的吗？”

“你愿意跟我换换位置吗？”狄奥尼西奥斯说。

“噢，我从没想过。”达摩克利斯说，“但是只要有一天让我拥有你的财富和幸福，我就别无他求了。”

“好吧，我就跟你换一天，也许到时候你就知道了。”

就这样，达摩克利斯被领到了王宫，所有的仆人都被引见到达摩克利斯跟前，听他使唤。他们给他穿上皇袍，戴上金制的王冠。达摩克利斯坐在宴会厅的桌边，桌上摆满了美味佳肴，美酒、鲜花、昂贵的香水、动人的乐曲，一切应有尽有。他坐在松软的垫子上，感到自己成了世上最幸福的人。

“噢，这才是生活。”达摩克利斯对着坐在桌子那边的狄奥尼西奥斯感叹道，“我从来没有这么高兴过。”

他举起酒杯的时候，抬眼望了一下天花板，头上悬挂的是什么东西？达摩克利斯的身体突然间僵住了，笑容也从唇边慢慢地消逝，脸色变得煞白，双手一直在颤抖。他不想再吃，也不想再喝，更不想听音乐了。他只想尽快地逃出王宫，越远越好，随便哪儿都行。原来，他头顶正悬着一把利剑，仅用一根马鬃系着，锋利的剑尖正对准他的双眉之间。他想跳起来跑掉，可还是忍住了，只好僵硬地坐在椅子上，一动不动。

“怎么啦，朋友？”狄奥尼西奥斯问，“你这会儿好像没胃

口了？”

“那把剑！剑！”达摩克利斯小声说，“难道你没看见吗？”

“我当然看见了，”狄奥尼西奥斯说，“我天天都看得见，因为它一直悬在我的头上，说不定什么时候，什么人或事就会斩断那根细线。也许是哪个大臣垂涎我的权力，欲将我杀死，抑或有人散布谣言让百姓反对我，或者是邻国的国王会派兵来夺取我的王位，又或者是我的决策失误使我退位等。如果你想做统治者，就必须做到自己应尽的责任，因为责任与权力同在，这你应该知道的。”

“是的，我知道了。”达摩克利斯说，“我现在终于明白我错了。除了财富、荣誉，你还有很多忧虑。请回到你的宝座上去吧，让我回到我自己的家。”

从此，在达摩克利斯的有生之年，非常珍惜自己的生活。他再也不想与国王换位了，哪怕是短暂的一刻钟。

这就是有名的《达摩克利斯之剑》的故事，但是它却很好地提醒了我们：如果我们渴望享受成功的快乐，那就必须做好准备，承担随之而来的责任。一个人拥有多大的权力，那么他就要负多大的责任，当一个人获取多少荣誉和地位，他都要付出同样多的代价。我们不用羡慕别人拥有多少，而要想到别人为此付出了多少，我们想要得到多少，那我们就必须准备付出多少。

放弃责任或者轻视自身的责任，就等于在可以自由通行的路上自设路障，摔跤绊倒的也只能是他自己。

有的人认为，讲责任太沉重，担责任太劳累，不轻松，不潇洒。这种认识是不全面的。

在大自然中，责任是一种生存的起点。无论是生活还是工作，对于

人类还是对于动物界，依据这个法则，才能够生存或者创造出神话。

动物园里有三只狼，是一家三口。这三只狼从小就一直由动物园饲养。为了维护生态平衡，恢复狼的野性，动物园决定将它们送到森林里，任其自然生长。首先被放回的是那只身体强壮的公狼。

过了些日子，动物园的管理员发现，公狼经常徘徊在动物园的附近，而且看起来比以前瘦了许多，无精打采的。但是，动物园拒绝收留它，反而又把幼狼放了出去。

幼狼被放出去之后，动物园的管理者发现，公狼很少回来了，偶尔带着幼狼回来几次。它的身体好像比以前强壮多了，幼狼也迅速长大了起来。看来，公狼不仅可以把幼狼照顾得很好，而且自己过得也很好。动物园的研究人员找出了原因：为了照顾幼狼，公狼必须捕到食物，否则，幼狼就会面临饿死的结果，自己的日子也不会好过。管理员决定把剩下的那只母狼也放出去。

这只母狼被放出去之后，这三只狼再也没有回来过。动物园的管理员去森林中对这三只狼做过考察，发现这一家三口在森林里生活得非常不错。后来，动物学家解释了这三只狼为什么能重返大自然生活。

“公狼有照顾幼狼的责任，尽管这是一种本能，但正是这种责任让它俩生活得好一些。母狼被放出去后，公狼和母狼共同有照顾幼狼的责任，而且公狼和母狼还需要互相照顾。这三只狼互相照顾，才能够重回自然，重新开始生活。”

由此看来，在自然界中无论是动物还是人，生命的意义在于责任。

在非洲大草原上，生活着一群大象，这些大象相依为命。有一年夏天，雨很少，而大象需要的水却特别多。它们生活的地方已经没有多少水了，它们必须找到新的水源。这一群大象开始了流浪，因为它们也不知道哪个地方水更多。在它们寻找水源的时候，一头母象产下了一只小象。整个大象群都很开心，它们不时地用鼻子发出喜悦的声音。但是，母象却很担心，因为它担心小象支撑不到找到水的那一天。非洲的夏天热得不得了，大象们无精打采地走啊走，它们已经没有多少力气了。很多大象已经慢慢地倒下了，还有一些大象趁着自己还没倒下，就悄悄地离开了，因为大象不忍心让别的大象看到自己死去的样子，就独自离群了。这些大象找到水，就让小象喝，因为小象比它们更虚弱。但是，每一次找到的水都太少了，小象没喝几口，水就没了，所以很多大象一直都没有水喝。大象群里的大象越来越少了，但是剩下的大象并没有放弃，一旦找到充足的水源，它们就得救了。为了小象，为了彼此的伙伴，最终，它们找到充足的水源，它们都得救了。

责任可以确保生命在自然界中的延续。为了小象，大象也放弃了生存，但是确保了它们的种族的延续。动物尚且如此，何况是人呢？

生命的意义在于责任，没有责任感的人得过且过，永远浑浑噩噩地混日子。这样的人生何谈意义？

蜜蜂小语

在蜜蜂母系社会生活中，它们的生命的意义在于什么呢？责任。责任让它们不辞劳苦，辛勤工作。责任让它们早出晚归，采蜜辛劳。责任让它们穷其一生，完成生命赋予它们的使命。

尽心尽力，尽职尽责

孙中山先生说过："奋斗这一件事是自有人类以来天天不息的。"孙先生一生也是按这个格言来做的，为中国的革命事业奋斗了一生。

梁启超先生说过："人生须知负责任的苦处，才能知道尽责任的乐趣。"

许多人埋怨工作累、工作苦、不想上班、不想工作。其实不知道，这种心态，你会成为工作的"奴隶"而非主人。这样下去，你只会被工作压垮，而非成为成功人士。要想成为成功人士，首先得做工作的主人。

要做工作的主人，要先具备做主人应该具备的一个心态：只要我在做，我就要全身心投入，做到全力以赴。

很多工作都是一个艰难和漫长的过程，因此，你必须始终对你所从事的工作保持高度的关注和认真。面对自己的工作，无论它是简单还是复杂，我们必须要做到尽心尽力。如果你不能使自己的全部身心都投入到工作中去，你无论做什么工作，都可能沦为平庸之辈。

做事马马虎虎，是不可能做成大事的，浮躁不是工作中可取的态度。只有在平平淡淡中务实努力，坚持完成每天的工作，创造自己的价值，我们才有可能获得命运的青睐。

一个好的员工，开始都要做一个很好的跟随者。在做跟随者的时候，如果就是随便做一做，混一混，就不可能成为一个很棒的管理者，

当你未来有机会去管理的时候也会产生问题。

大多数好的企业管理者，他最初就是一个好的自我管理者。因为，他工作的这个过程中完成了自我的心理管理，将自己的心理能力逐渐提升到个员工应该具备的水平高度上来，能够肯定自己工作的价值，全神贯注地工作。

我们应该如何管理自己，高效经营自己的工作时间呢？

首先，应该努力专注于当前正在处理的事情，如果注意力分散，头脑不在考虑当前的事情，而是想着其他事情的话，工作效率就会大打折扣。

其次，应该努力发现职责内的事务。即使事情再多，也要一件一件地进行，做完一件事就了结一件事情。当你集中精力处理完毕后，再把注意力转向其他事情，着手进行一项工作。

要想把工作做到尽善尽美，就要学会尽职尽责，在决定开展一项工作前，一定要进行周密的调查论证，广泛征求意见，尽量把可能发生的情况考虑进去，尽可能避免出现失误，直至达到预期的完美效果。

不管你从事什么样的工作，平凡的也好，令人羡慕的也好，都应该抱着尽心尽责的态度，全身心地投入，最后你获得的不仅是完美的工作，还会有人格上的自我完善。

是全心全意还是三心二意，这两者之间会有天壤之别，其关键在于对待生活和工作的态度上。我们每个人工作的成果都是不一样的，存在差距的一个主要原因就是态度。良好的工作态度，是我们走向成功的前提。决定一个人的生活品质和工资收入的深层因素，不再是知识和技能本身，而是生活与工作的态度。

一个成功的经营者说过：“如果你能全力以赴地制好一枚别针，应该比你制造出粗陋的蒸汽机赚到的钱更多。”一旦领悟了全身心的状态，懂得全力以赴，视工作为乐趣，能消除工作的辛苦这一秘诀，就

掌握了获得成功的原理。

26岁的李之龙怀着对人生和梦想的渴求，离开老家湖南来到香港。但是，由于人地生疏，加之他英文有限，广东话听不懂，又无任何背景，连连碰壁后，他才在一家公司找到一份勤杂工的工作。

那是一份薪水极低的工作，而每天所要做的工作只是周而复始地扫地、清洗厕所等。这对于带着转变人生梦想来到香港的他是一个沉重的打击。但他没有别的选择。因为此时的他已经身无分文，如果连这份工作也不做的话，他只有饿肚子。考虑到公司周六、周日时常会有人加班，而卫生没有人清洁的话将会一团糟。他便在其他勤杂工出去的时候独自留下来打扫卫生。虽然这只是一份“额外”的工作，但他依然一丝不苟。

半年后的一个星期天，公司老板发现了他这个勤劳的勤杂工，很是惊讶。在了解了他每个周末都如此之后，第二天，老板找他谈话，将他提升为办公室的一名员工。此后，他不断被提升。做了几年公司总经理后，他向老板提出要自己做生意，老板欣然同意，并参股他的公司，他由此开始了对梦想更快捷的追逐。

很少有人可以生来就财富加身，平民出身的富豪却并不少见。每个人都渴求转变命运的机遇，有时机遇可能就在我们自己身上。只要正视自己的责任，勤勉不懈；只要一丝不苟面对自己的工作，兢兢业业地做好自己的工作，相信你就会得到自己渴求的美好的机遇。

在一所医院的手术室里，年轻护士小罗第一次担任责任护士。

“大夫，你取出了11块纱布。”她对外科大夫说，“我们用的是12块。”

“我已经都取出来了。”医生断言道，“我们现在就开始缝

合伤口。”

“不行。”小罗抗议说，“我们用了12块。”

“由我负责好了！”外科大夫严厉地说，“缝合。”

“你不能这样做！”小罗激动地喊道，“你要为病人负责！”

大夫微微一笑，举起他的手，让小罗看了看第12块纱布。“你是一位合格的护士。”主刀医生说道。原来这位大夫是在考验小罗护士是否有责任感——而她具备了这一点。

在医院里，即使是刚参加工作的护士，她的责任感也足以使其对病人负责，保证病人的手术安全。在企业里，员工的责任感也应该如此。

对工作尽心尽力，尽职尽责的人，才能够把工作做好。责任心是个人在事业中不断发展的前提，是一个人成功的基础。

蜜蜂小语

小小的蜜蜂酿造那么美味的蜂蜜，有的时候真的让人匪夷所思。深究一下，你自会了解其缘由：每一只小蜜蜂尽心尽力、尽职尽责地工作，自然就可以把工作做得很好了。

责任胜于能力

当我们走出校园，走出家门，面对一份工作的时候，有人强调学历，认为有学历就可以做到最好；有人强调能力，认为能力可以压倒一切；但是，面对工作任务，岂知责任比这些都重要。

在工作中，每个企业的领导都喜欢有责任心的员工，而且这样的员工最终将得到重用。

有一位退伍战士回到原籍不久，报名应聘一家公司的秘书。经过几轮筛选，到考试时，百余名应试者所剩无几。角逐继续进行，可笔试题让这位退伍战士很为难。内容是："请你写出原单位名称，有多少人，在单位负责什么和你将为本公司提供什么最有价值的材料？"身为退伍军人，他忘不了在部队所接受的保密教育："宁愿落榜，也不能泄露军事秘密。"想到这里，这位退伍军人在试卷附页上写道："我非常愿意加入贵公司，可作为一名退伍军人，保守军事秘密是我义不容辞的责任。我只能交上一份空白的答卷，请谅解。"

在多项测试中对这位退伍战士一直看好的招考人员，无不感到吃惊和惋惜。公司总经理得知此事，立即调阅了他的全部应试材料，面对那张唯一的"白卷"，他露出了满意的微笑。他对下属说："懂得保守军事秘密的人，同样懂得保守商业秘密。这位退伍战士政治素质好，责任感比较强，应当优先录取。"

责任感是一种品质，具有这种品质的人才是真正优秀的人。不论在社会还是在家庭中，只有那些有责任感的人才能受到社会和他人的认可与尊重。因此，责任感胜于学历、胜于能力。

化妆品公司的老板费拉尔先生重金聘请了一位叫杰西的副总裁，杰西非常有能力，但到公司一年多来，却几乎没有创造什么价值。

杰西的确是一个人才。从他的档案上显示，他毕业于哈佛大学，到费拉尔公司之前，曾经在3家企业担任高层主管。他非常擅长资本运作，曾经带领一个5人团队，用3年时间将一个20人的小企业发展成为员工上千人、年营业额5亿多美元的中型企业，创造了令同行称道的“杰西速度”；在1998年至2000年间，他更是在华尔街掀起一阵“杰西旋风”。

这样出色的人才，怎么会创造不了价值呢？

“在个人能力方面，我是绝对信任他的。”费拉尔先生说。

“你了解他具备哪些能力吗？”一位人力资源咨询师问他。

“当然了解，在请他来之前，我是非常慎重的。我请专业猎头公司对他进行了全面的能力测试，测试结果令我非常满意。”费拉尔说，他还详细列举了杰西具备的各种能力，并举出了杰西以前工作中的很多成功案例来佐证。

确实，费拉尔先生对杰西的能力是非常了解和倚重的，但是作为一名高层主管，杰西所需要的绝不仅仅是薪水，单靠薪水，是难以建立他这种综合能力很高的人才的责任感的。后来经过深入的沟通，那位咨询师发现，杰西是一个勇于接受挑战的人，工作的难度越大，越能激起他奋斗的欲望，他随时都有一种准备冲锋陷阵的冲动。应该说，这样的人才是企业的宝贵财富。

“在进入公司之初，我满怀激情，决心干一番大事业，可后来，我发现一切都不是我想象的那样，越来越觉得没劲，对公司也渐渐失去了认同，对自己的工作失去了认同。”杰西终于说出了心里的想法。他说：“我希望有一个能够放开手脚大干一场的工作环境，而不喜欢太多的束缚。”

原来，杰西的上司费拉尔先生有两个致命的弱点：一是对所用之人难以放心，害怕能人挖公司的墙脚；二是喜欢亲力亲为，经常越级指挥，在很多事情上，使杰西感觉自己形同虚设。

杰西最需要的，应该是需求层次中的“自我实现的需求”，如果能够以业绩来证明自己，就是他人生最大的快乐。

找到问题之后，咨询师把费拉尔和杰西请到一起，共同分析

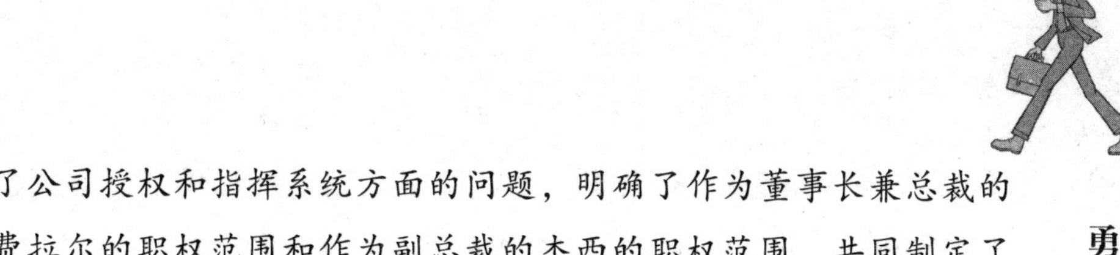

了公司授权和指挥系统方面的问题，明确了作为董事长兼总裁的费拉尔的职权范围和作为副总裁的杰西的职权范围，共同制定了公司的授权制度以及组织指挥原则。通过他们的共同努力，情形发生了很大的变化。杰西几乎是变了一个人，他做出了很多成绩，而且，费拉尔先生和他已经成了不可分离的亲密战友。

这个故事很有启发意义。杰西的转变，使他自身出众的才能得以充分发挥。而促使他转变的关键因素，则是重新唤起了他对公司的责任感。

实际上，杰西本人是极富责任感的。当然，他的能力也是一流的，但他在费拉尔先生的公司里起初的无所作为和以后的成功表现证明了责任胜于能力。

很多人在应聘时会提到，“我是清华毕业”“我是哈佛毕业”“我英语过了专业八级”等，很少会强调，“我了解贵公司的文化”“我很喜欢贵公司的企业理念”“我希望能与贵公司共进退”等这些关于责任的话题。

其实，学历是一块敲门砖，也许能帮你打开某个企业的大门，能力是你为工作必备的技能，但是，这两者都不及责任感重要，再强的能力，再高的学历，如果对企业没有责任心，每天不守时上班，交给的任务不按时完成，拖拉工作，找借口不做工作，面对上司的批评找“替罪羊”，这样的员工，哪个企业敢用？

然而，让我们感到万分遗憾的是，在现实生活以及工作中，责任经常被忽视，人们总是片面地强调能力。

的确，战场上直接打击敌人的，是能力；商场上直接为企业创造效益的，也是能力。而责任，似乎没有起到直接打击敌人和创造效益的作用。可能正是因为这一点，导致人们重能力轻责任。但是，要记住没有责任感，有再强的能力，也没有企业敢用，因为没人敢为不负责的人埋单，因为没人知道他会带来什么后果。所以，请重视责任，它有的时候远远胜于能力，它在你的事业发展中起着不可估量的作用。

蜜蜂小语

在蜜蜂王国中，它们最重视的是责任。责任让这个小小个体发展得如此壮大。

在其位，要谋其事

在其位谋其事。不管你现在哪个职位上，把你该做的事做好，都是你义不容辞的责任。

在工作中，每个员工都要清楚，只有忠实地对待自己的工作，满怀着忠诚和责任心来对待老板，充分使自己所在的位置发挥出应有的作用，才能巩固你现在的位置。

在自己的岗位上，对自己的工作负责，这是对工作最基本的要求。在老板眼中，永远不会有空缺的位置。所以，如果你不想与自己的位置保持一种短暂的“约会”关系，而是保持一种长期性的关系，你就要在其位谋其事。

从企业这个角度看，由于来自市场的压力，必须要迅速推出自己的产品服务，并提供新的技能。缺乏这种速度和变化，企业就难以生存。

企业里每个位置都对企业的生命力起着至关重要的作用，任何一名员工如果在其位不谋其事，其所在位置的运作就会出现问题。当任何一个位置的价值得不到充分体现时，都会直接削弱企业的生命力。

如果我们把企业看作一个构建得很不错的整体，其中每一个位置都

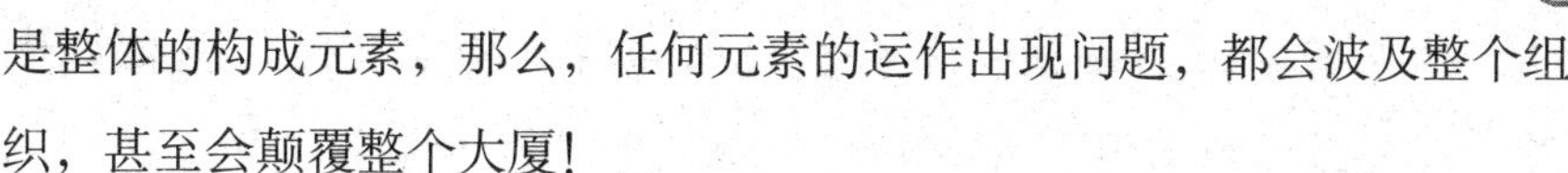

是整体的构成元素，那么，任何元素的运作出现问题，都会波及整个组织，甚至会颠覆整个大厦！

由此可见，老板喜爱那种在其位，谋其事，喜欢具有实干精神和勇于负责任的员工是合情合理的。因为老板希望任何一个位置的效能都达到尽可能的最大化。

如果一个人朝三暮四却期待着奇迹出现，不集中精力去做好本职工作，自然会碌碌无为、一事无成。有些人总希望为自己留一条退路，幻想东边不亮西边亮。殊不知，若是没有了太阳，无论东西哪边都不会发亮。

无论一个人担任何种职务，做什么样的工作，他都有对他人的责任，这是社会法则，这是道德法则，这还是爱心法则。一个人可能设法逃避承担责任，他可能会游刃有余地躲过社会法则的惩罚，但他最终很难逃过道德法则和心灵法则对他的惩罚。

在这个世界上，每一个人都扮演了不同的角色，每一种角色又都承担了不同的责任，从某种程度上说，对角色饰演的最大成功就是对责任的完成。正视责任，让我们在困难时能够坚持，让我们在成功时保持冷静，让我们在绝望时绝不放弃。因为我们的努力和坚持不仅仅为了自己，还有别人。

一个漆黑的大雪天，约翰·格林中士正匆匆忙忙地往家赶。当他经过公园的时候，一个人拦住了他。“对不起，打扰了先生，您是位军人吗？”看起来，这个人很焦急。约翰不知道发生了什么：“噢！当然，能够为您做些什么吗？”

“是这样的，刚才我经过公园的时候，看到一个孩子在哭，我问他为什么不回家，他说，他是士兵，他在站岗，没有命令他不能离开这里。谁知道和他一起玩儿的那些孩子都跑到哪里去了，大概都回家了。天这么黑，雪这么大。”这个人说，“我

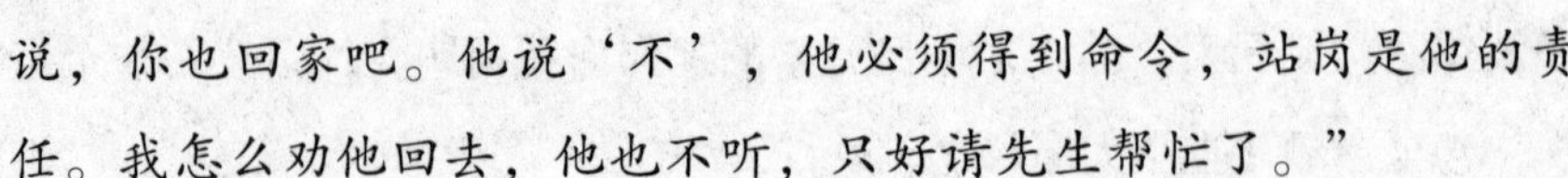

说，你也回家吧。他说‘不’，他必须得到命令，站岗是他的责任。我怎么劝他回去，他也不听，只好请先生帮忙了。”

约翰和这个人一起来到公园，在那个不显眼的地方，有一个小男孩儿在那里哭，但却一动不动的。约翰走过去，敬了一个军礼，然后说：“下士先生，我是中士约翰·格林，你为什么站在这里？”

“报告中士先生，我在站岗。”小孩儿停止了哭泣，回答说。

“天这么黑，雪这么大，为什么不回家？”约翰问。

“报告中士先生，这是我的责任，我不能离开这里，因为我还没有得到命令。”小孩儿回答。

“那好，我是中士，我命令你回家，立刻。”约翰的心又为之震了一下。

“是，中士先生。”小孩儿高兴地说，然后还向约翰敬了一个不太标准的军礼，撒腿就跑了。

约翰和这位陌生人对视了很久。最后，约翰说：“他值得我们学习。”

小男孩儿的倔强和坚持看起来似乎有些幼稚，但在这个孩子身上体现的对于责任的这种坚守是很多成年人无法做到的，我们不仅对自己负有责任，我们还对别人负有责任。正是责任把所有的人都联结在一起，任何一个人对责任的懈怠都会导致整个社会链的不平衡。

我们这个世界就像一个大机器，每一个人都是机器上的一个齿轮，一个齿轮的松动都会引起其他齿轮的非正常运转，进而影响到整个机器。对于这个社会如此，对于社会的一个单元——企业，亦是如此。

在上班时，你是否趁经理不注意时偷偷地开小差，或者打与工作无关的电话，就像当年上课时趁老师不注意偷偷地摆弄新买的铅笔刀？又

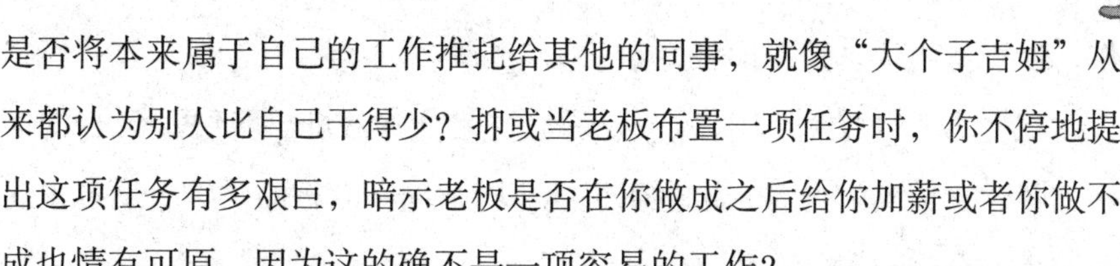

是否将本来属于自己的工作推托给其他的同事，就像“大个子吉姆”从来都认为别人比自己干得少？抑或当老板布置一项任务时，你不停地提出这项任务有多艰巨，暗示老板是否在你做成之后给你加薪或者你做不成也情有可原，因为这的确不是一项容易的工作？

这样的人不多但也不是少数，要不然有问题的企业为什么还那么多，顾客的满意率为什么还那么低？每一个老板都清楚他自己最需要什么样的员工，因为一个员工有时就代表一个企业的整体。所以，不要以为自己只是一名普通的员工，其实你能否担当起你的责任，对整个企业而言，同样有很大的意义。

没有做不好的工作，只有不负责任的人，只有坚守自己的责任才能让能力展现最大价值。

美国总统林肯21岁那年，在一家商店里当雇员。一天，一位老妇人来买纺织品，由于一时大意，他多收了老妇人12美分。当发现后，在当晚，他赶了六英里的路，将多收的钱还给了老妇人。

聪明或许可以让你胜任工作，圆滑或许可以让你在生活中游刃有余，责任却可以让人创造奇迹。一颗道钉足以颠覆一列火车，一个烟头足以毁掉一片森林，一次决策失误可能给国家带来百万千万的损失，而我们的责任呢？好好学习？孝敬父母？尊敬老师？远远不止这些。

无论从事什么工作，只要你已经着手了，千万别心猿意马地着迷于那些不切实际的诱惑。你可以珍惜作息时间，但对你的工作绝不能吝啬勤奋和汗水。一定要在职位上全力以赴，否则只能在失去工作的困境中痛心疾首，那代价就太大了。可是好多人都是到了最后才猛然醒悟：有活还是要好好干，否则在其位不谋其事，不但使老板的利益受到损失，而且最终的受害者还是自己。

在其位就要谋其事，这是一个人负责任的最好表现。说明你对自己所从事的工作有信心和热情。只要你认准了目标，有一份自己认同的工作，那么就要认真勤奋地好好干。

在努力工作的过程中，你会熟悉技艺，并锻炼出稳健、耐心的性格。同时，踏实的作风，也会赢得同事的认同、老板的欣赏，反过来这些又会促进你的工作。

任何技艺和经验的摸索都源于扎实的工作，只有亲身体会，才能逐渐完善改进，而在其位谋其事便是踏实负责的表现。

蜜蜂小语

在蜜蜂种群中，各个蜜蜂都有属于自己不同的岗位，它们在各自的岗位上分工明确，各司其职，有条不紊地开展各自的工作。

蜜蜂法则四

认真工作，一丝不苟功效高

认真工作是一种态度，工作无小事，认真对待每一项工作。只有认真并坚持不懈的人才能取得事业上的成功。认真工作需要灵活运用我们的大脑，学会思考的人才能称得上是认真的人。认真工作的人是注重细节的人，细节决定成败，把细节做好的人才能够真正成为成功的人。

工作无小事

无论我们做什么工作，都要认真对待、注重细节，不能有半点马虎及虚假；做工作的意义在于把事情做完美，而不是做五成、六成就可以了，工作无小事，我们应该以更高的、大家认同和满意的标准来严格要求自己。

人们都有这样一种思想，只想做大事，而不愿意或者不屑于做小事，中国人想做大事的人太多，而愿意把小事做好的人则太少。事实上，随着经济的发展，专业化程度越来越高，社会分工越来越细，真正的所谓大事实在太少，比如，一台拖拉机，有五六千个零部件，要几十个工厂进行生产协作；一辆福特牌小汽车，有上万个零件，需上百家企业生产协作；一架波音747客机，共有450万个零部件，涉及的企业单位更多。

因此，多数人所做的工作还只是一些具体的事、琐碎的事、单调的事，它们也许过于平淡，也许鸡毛蒜皮，但这就是工作，是生活，是成就大事不可缺少的基础。所以无论做人、做事，都要注重细节，从小事做起。一个不愿做小事的人，是不可能成功的。我们文化的祖先老子就一直告诫人们：天下难事，必做于易；天下大事，必做于细。要想比别人更优秀，只有在每一件小事上比功夫。不会做小事的人，也做不出大事来。日本狮王牙刷公司的员工加藤信三就是一个活生生的例子。

有一次，加藤为了赶去上班，刷牙时急急忙忙，没想到牙龈

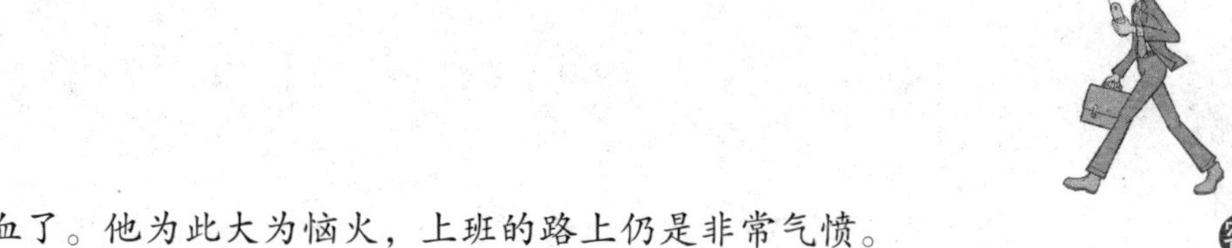

出血了。他为此大为恼火，上班的路上仍是非常气愤。

来到公司，加藤为了把心思集中到工作上，还是硬把心头的怒气给平息下去了，他和几个要好的伙伴提及此事，并相约一同设法去解决刷牙容易伤及牙龈的问题。

他们想了不少解决刷牙造成牙龈出血的办法，如把牙刷毛改为柔软的狸毛；刷牙前先用热水把牙刷泡软；多用些牙膏；放慢刷牙速度等，但效果均不太理想，后来他们进一步仔细检查牙刷毛，在放大镜底下，发现刷毛顶端并不是尖的，而是四方形的。加藤想："把它改成圆形的不就行了！"于是，他们便着手来改进牙刷。

经过实验取得成效后，加藤正式向公司提出了改变牙刷毛形状的建议，公司领导看后，也觉得这是一个特别好的建议，欣然同意把全部牙刷毛的顶端改成了圆形。改进后的狮王牌牙刷在广告媒介的作用下销路极好，销量直线上升，最后占到了全国同类产品的40%左右，加藤也由普通职员晋升为科长，十几年后成为公司的董事长。

牙刷不好用，在我们大家看来都是司空见惯的小事，所以很少有人想办法去解决这个问题，机遇也就随之从身边溜走了。而加藤不仅发现了这个小问题，而且对小问题进行细致的分析，从而使自己和所在的公司都取得了成功。

美国成功学大师戴尔·卡耐基说过："一个不注意小事情的人，永远不会成就大事业。"麦当劳的创始人克洛克说过："我强调细节的重要性。如果你想经营出色，就必须使每一项最基本的工作都尽善尽美。"

人与人之间的差别，往往就在一些细小的事情上，并且正是因为这些细小的事情，决定了不同的人不同的命运。

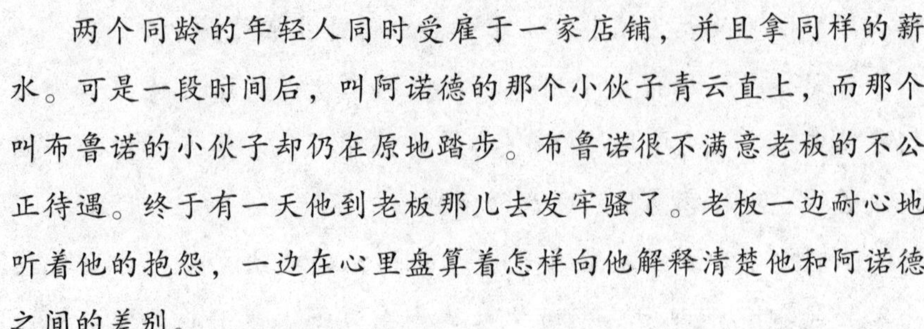

两个同龄的年轻人同时受雇于一家店铺，并且拿同样的薪水。可是一段时间后，叫阿诺德的那个小伙子青云直上，而那个叫布鲁诺的小伙子却仍在原地踏步。布鲁诺很不满意老板的不公正待遇。终于有一天他到老板那儿去发牢骚了。老板一边耐心地听着他的抱怨，一边在心里盘算着怎样向他解释清楚他和阿诺德之间的差别。

“布鲁诺，”老板开口说话了，“你现在到集市上去一下，看看今天早上有什么卖的。”

布鲁诺从集市上回来向老板汇报说，今早集市上只有一个农夫拉了一车土豆在卖。

“有多少？”老板问。

布鲁诺飞快地戴上帽子又跑到集市上，然后回来告诉老板一共40袋土豆。“价格是多少？”布鲁诺第三次跑到集市上问来了价格。“好吧，”老板对他说，“现在请您坐到这把椅子上一句话也不要说，看看别人怎么说。”

老板将阿诺德找来，并让他看看集市上有什么可卖的。阿诺德很快就从集市上回来了，向老板汇报说到现在为止只有一个农夫在卖土豆，一共40袋，价格是多少多少；土豆质量很不错，他带回来一个让老板看看。这个农夫一个钟头以后还会弄来几箱西红柿，据他看价格非常公道。昨天他们铺子的西红柿卖得很快，库存已经不多了。他想这么便宜的西红柿，老板肯定会要进一些的，所以他把那个农夫也带来了，他现在正在外面等回话呢。

此时老板转向了布鲁诺，说：“现在你肯定知道为什么阿诺德的薪水比你高了吧？”

同样的小事情，有心人可以做出大学问，不动脑子的人只会来回跑腿而已。别人对待你的态度，就是你做事情结果的反应，像一面镜子一

样准确无误，你如何做的，它就如何反射回来。成功者与失败者之间究竟有多大的差别？人与人之间在智力和体力上的差异并不是想象中的那么大。很多小事，一个人能做，另外的人也能做，只是做出来的效果不一样，往往是一些细节上的功夫，决定着完成的质量。

"无限的爱"日用品和化妆品连锁超市在德国遍地皆是。这家企业的老板名叫格茨·维尔纳，现已拥有1370家连锁店、两万名员工，2002年的销售额高达26亿欧元。维尔纳也是同行业中最富有的，2003年年初时他的个人财产已达到9.5亿欧元。

30年前，格茨·维尔纳白手起家创建了连锁店。他有自己的一套注重细节的经营理念，有时还会因为注重细节做出一些特别"古怪"的事情。

有一次维尔纳走进一家分店时，他要求分店经理拿扫帚来。这家分店的经理把扫帚递给维尔纳，非常疑惑地说："维尔纳先生，我不明白您要它做什么？"维尔纳指着地下的灯光说："您看，灯光的亮点聚在地上，什么作用也没起到。"于是，维尔纳用扫帚柄拨了一下上面的灯，让灯光照在货架上。

把灯光照在正确的位置上，维尔纳先生给他的员工做出了表率。这让他的员工很受启发，也让他的员工深刻地体会到了工作中无小事这个道理。

企业员工的一项基本素质就是态度要认真。严谨的工作态度才是做好细节的前提条件。所谓严谨，就是认真到近乎苛刻才行。工作无小事，要时刻保持认真的态度，你的事业才会蒸蒸日上，前途自然就无可限量了。

蜜蜂小语

蜜蜂们以认真的态度对待自己的工作，他们兢兢业业、认认真真。工作无小事，它们把每一项工作都当成大事来做。

灵活用脑才叫认真

俗话说，方法对了头，一步一层楼。在日常工作中，我们应该做到凡事讲认真，积极开动脑筋，把复杂问题简单化，这样就能收到事半功倍的效果。

日本最大的一家化妆品公司发生了一起空肥皂盒事件。这家公司接到了一份投诉，一位顾客抱怨说他买的一盒肥皂是空的。于是，这家公司立刻停止了生产线，从包装部门一直检查到销售部门，直到找出肥皂到底是在哪一环节遗失的。

经理要求工程师解决这个问题。很快，工程师设计了一个配备高分辨率监视器的X光设备，它需要两个人来监控通过生产线的肥皂盒，以保证其中没有空盒。无疑，他们很成功，但干得也很辛苦。

另一家小型化妆品公司也遇到了同样的情况，但是一名普通雇员用另一种方法解决了这个问题。他没有使用X光监视器，也没有使用其他昂贵的设备，而是买了一台大功率的工业风扇。他把风扇摆在生产线旁，装肥皂的盒子逐一在风扇前通过，空盒一到风扇前便会被吹离生产线。

这名工程师和普通雇员面对的是同样的问题，可采用的却是不同的方法，后者只需动脑筋就想出了既节省人力又节省物力的办法。

接受同样一项工作任务，有的员工通过积极动脑，探寻多种途径，

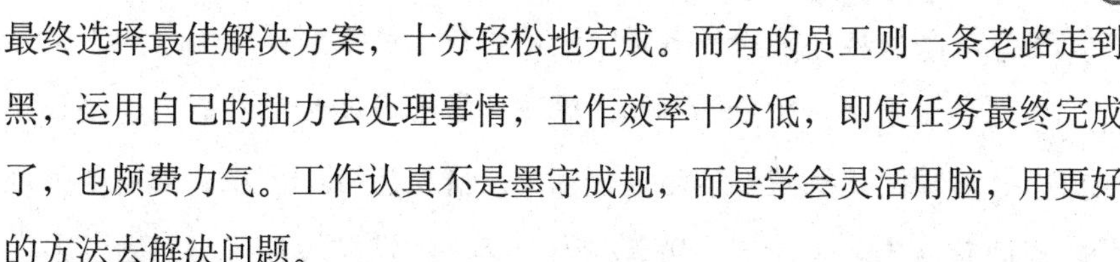

最终选择最佳解决方案，十分轻松地完成。而有的员工则一条老路走到黑，运用自己的拙力去处理事情，工作效率十分低，即使任务最终完成了，也颇费力气。工作认真不是墨守成规，而是学会灵活用脑，用更好的方法去解决问题。

一天，一个制造工厂的首席执行官决定到基层转转，进行他的“走动式管理”。随后，他碰上了一个名叫王宇的设备操作员，很明显，王宇正无事可做，当被问及发生了什么事时，他解释说正在等一个技术员来校准设备，并不失时机地抱怨已经等了很长时间了，电话打了好几次，还不见人来。

首席执行官问：“王宇，请你告诉我，这台设备你用了多长时间了？”

王宇回答说：“哦，先生，我想大概有20年了。”

首席执行官继续说：“王宇，你是不是告诉我，用了20年你还不知道如何校准这台设备？这很难让人相信，因为我知道你可能是我们最好的机械操作员。”

“哦，先生，”王宇自豪地回答，“我闭上眼睛都能校准这个设备。但你知道，校准设备不是我的工作。”

首席执行官忍住自己的沮丧，邀请这位设备操作员到办公室，并请他拿出一份工作描述。“我要告诉你，”首席执行官说，“我们将为你写一份更有意义的全新工作描述。”首席执行官再没有说其他的话，就将那份工作描述撕掉了，并很快在一张新表上写了点什么东西，递给了王宇。

新的工作描述就一句话：“用你的脑子。”

在工作中脚踏实地是对的，但要是把认真理解为“死板”，不动脑子地蛮干，是不能把工作做好的。

有这样一句谚语：“巧干能捕雄狮，蛮干难捉蟋蟀。”这句话道出

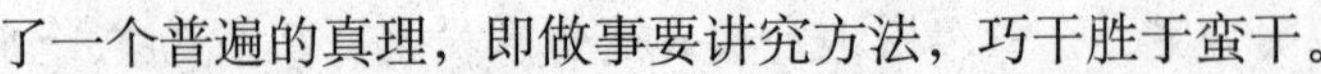

了一个普遍的真理，即做事要讲究方法，巧干胜于蛮干。

所谓巧干就是一种分析判断、解决问题和发明创造的能力，是敏锐机智、灵活精明的反映，也是充满活力、随机应变的智慧。《射雕英雄传》里面有这样一个情节：黄蓉被一个巨大的海蚌夹住了脚，费了很大的劲也掰不开，结果抓了一把细沙放到蚌壳里面，蚌壳就自己打开了，因为蚌最怕的就是细沙。

可见，巧干是抓住了事情的关键，并找到了有针对性的方法的结果。巧干既可以减少劳动量，又可以达到事半功倍的效果。

如今的时代就是巧干升值的时代，只有头脑认真地开动起来，才是真正的认真。懒得动脑子的人，不管他表面看起来多么勤勉，也很难叫人相信他是一个真正对工作负责的人。

只有认真思考，细心观察，抓住问题的关键，才能真正实现高效率。下面是一位教营销课的教授讲给学生的一个故事。

身体强壮的谢某到伐木厂去应聘伐木工，老板看他身体壮实，挺适合干这一行，就让他留下来了。第二天谢某很早就起床，一天下来伐了20棵树。老板夸奖他："你真行，你是我们这里一天伐木最多的人。"

第三天谢某起得更早，但是一天下来伐了17棵树，不过老板说："17棵你也是最多的了。"第四天谢某起得更早，结果到最后只伐了15棵树，老板说："15棵你也是最多的。"

谢某想不明白了：为什么我每天伐树的数量逐渐下降呢？老板就问："你的斧头磨了吗？"谢某这才恍然大悟，原来是因为斧子钝了的缘故。

俗话说："工欲善其事，必先利其器。"认真动脑，才能收到事半功倍的效果。

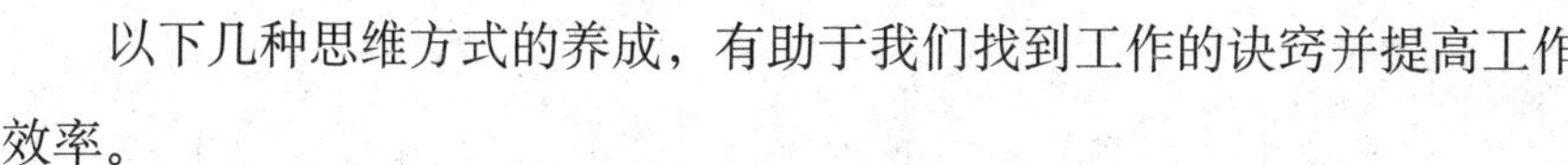

以下几种思维方式的养成，有助于我们找到工作的诀窍并提高工作效率。

第一，把工作当成乐趣。敬业精神使我们专注于我们的工作，把工作当成乐趣而不是负担。乐于工作，我们就会不断地在工作中积极思考，寻找改进的良方。

第二，注重信息。一个人的智慧总是比不过众人的智慧，而众人的智慧，又是从信息中体现出来。平常随时收集与工作相关的各类信息资料，包括竞争对手的信息，这些都有利于我们在工作中激发灵感。

第三，多做逆向思考。很多优秀员工都擅长用逆向思维拓宽眼界，探索解决问题的途径，能很快找出问题的关键所在。他们敢于想别人所不敢想，也经常能够化繁为简，达到出人意料的效果。

第四，换一种立场。会动脑子的人，总会自觉地尝试站在企业、老板或顾客的立场，去评判自己的工作。这样，才能更深层次地想问题，更能把工作做到家，避免“头疼医头，脚疼医脚”的表面工作。这样，也才更容易赢得别人的信任。

第五，善于总结。认真思考的人，对问题的分析、归纳、总结能力比一般人强。他们总能找出事情的规律，并善于运用它，从而达到事半功倍的效果。因为熟能生巧，丰富的经验积累能增强我们的办事能力。

无论是在工作中还是生活中，我们都应该培养自己这些良好的思维习惯，遇到问题时多思考“为什么”，多思考才能快速找到问题的关键所在。一旦找到了这个关键，看起来很难办的事情就会迎刃而解了。所以，要学会灵活用脑，才能让你的工作更有成效。

蜜蜂小语

也许会有很多人问："蜜蜂为什么会酿出那么美味的蜂蜜呢？"这确实是个值得探究的问题，但重要的一点是认真工作。

做个注重细节的有心人

对待工作要注重细节，不忽略细枝末节，务求精益求精。这是一种追求成功的卓越表现，也是生命中的成功品牌。一个人做事精确要远远超过他的聪明和专长。如果一个职业人士在工作中技术精湛、本领过硬、态度严谨，那么他必定能出类拔萃、脱颖而出。

对工作的追求应该是永无止境的。优秀的员工心中对工作自有一个标准，他们通常更遵循自己的标准，并且总是能够超出老板的期待。对工作的不懈追求是一种敬业的表现。这是源自内心的自我管理，无须任何监督和督促，因为这是一种心理标准。生活中真正能精通某一项技术是十分难的，要学习日本人踏踏实实、德国人一丝不苟的敬业精神。

获得全国劳动模范、全国五一劳动奖章的田梅君就是一个很好的例子。

田梅君是大连商场百货文化卖区一名普通的营业员，也是一名共产党员。她在平凡的三尺柜台前默默奉献了近30个年头。她工作中的孜孜以求是出了名的。2001年，卖区引进了上手佳系列炒锅。由于新产品价格较高，对一般顾客来讲比较难接受，销售难度较大，她凭着多年积累的销售经验，认真分析顾客的消费心理，针对不同的消费群体，利用资料自己总结了一套讲解词，突出产品环保、节能的特点，使上手佳系列炒锅

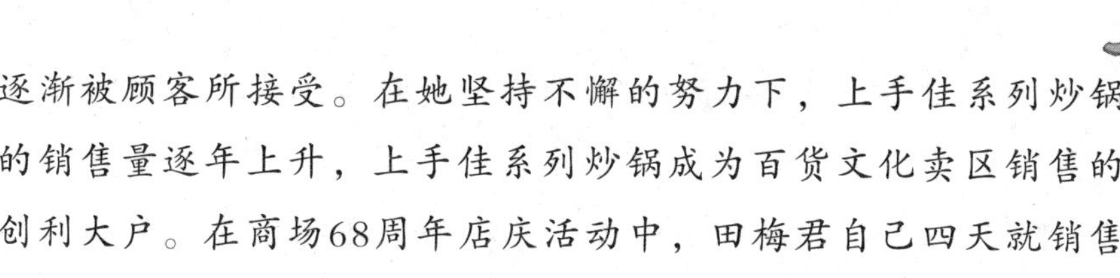

逐渐被顾客所接受。在她坚持不懈的努力下，上手佳系列炒锅的销售量逐年上升，上手佳系列炒锅成为百货文化卖区销售的创利大户。在商场68周年店庆活动中，田梅君自己四天就销售了130口锅，创历史新高，一时传为佳话。

优秀的员工之所以进步神速，或能得到意外的收获，与他们对工作的高标准、严要求是分不开的。他们不仅会多做很多事，更在意自己是否尽了最大的努力把工作做到完美。正是这种对工作的孜孜以求，使他们取得出色的业绩，成了其他人羡慕和学习的榜样。

起初，宝洁公司刚开始推出汰渍洗衣粉的时候，市场占有率和销售额一路快速飙升，可是一段时间过后，这种强劲的增长势头就逐渐放缓了。公司的销售人员虽然也进行过大量的市场调查，但一直都找不到销量停滞不前的原因，他们既着急又无计可施。

有一天，宝洁公司召开了一次消费者座谈会，一位消费者抱怨说："汰渍洗衣粉的用量太大，我们负担不起。"在场的领导追问缘由，这位消费者说："你看看你们的广告就知道了。洗一次衣服要用那么多的洗衣粉，谁能受得了啊！"

这时，销售经理随即把广告片找来播放了一遍，并计算了一下产品展示时倒洗衣粉的时间，总共3秒钟。而其他品牌洗衣粉的广告中，倒洗衣粉的时间仅为1.5秒。这样一处微小的疏忽却造成了意想不到的"大麻烦"。

俗话说得好："一招不慎，全盘皆输"，所以，要做到对每一个细节问题都能够认真处理，精益求精。这需要我们有认真负责的态度，有对职业高度的热情，用心做，用心体会，这样，才能激起我们的工作智慧，从各种"细节问题"中发现纰漏，也就能从各种"细节问题"中发现机会。

密斯·凡·德罗是20世纪世界最伟大的四位建筑师之一，在被要求

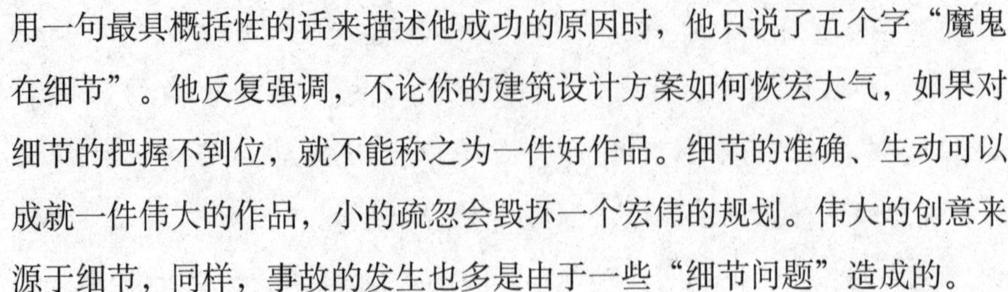

用一句最具概括性的话来描述他成功的原因时，他只说了五个字“魔鬼在细节”。他反复强调，不论你的建筑设计方案如何恢宏大气，如果对细节的把握不到位，就不能称之为一件好作品。细节的准确、生动可以成就一件伟大的作品，小的疏忽会毁坏一个宏伟的规划。伟大的创意来源于细节，同样，事故的发生也多是由于一些“细节问题”造成的。

罗杰斯在一家裁缝店学成出师之后，到加州的一个城市开了一家属于自己的裁缝店。由于他做活认真，价格又便宜，很快就声名远播，许多人慕名而来找他做衣服。有一天，风姿绰约的贝勒太太让罗杰斯为她做一套晚礼服，等罗杰斯做完的时候，发现袖子比贝勒太太要求的长了半寸。但贝勒太太就要来取这套晚礼服了，罗杰斯已经来不及修改衣服。

贝勒太太来到罗杰斯的店中，她穿上了晚礼服，在镜子前照来照去，同时不住地称赞罗杰斯的手艺，并按说好的价格付钱给罗杰斯，但罗杰斯坚决拒绝了。贝勒太太非常纳闷。罗杰斯解释说：“太太，我不能收您的钱，因为我把晚礼服的袖子做长了半寸，对此我很抱歉。如果您能再给我一点时间，我非常愿意把它修改到您要求的尺寸。”

听了罗杰斯的话后，贝勒太太一再表示她对晚礼服很满意，她不介意那半寸。不管贝勒太太怎么说，罗杰斯无论如何也不肯收她的钱，最后贝勒太太只好让步。

在去参加晚会的路上，贝勒太太对丈夫说：“罗杰斯以后一定会出名的，他勇于承认错误、承担责任及对结果认真负责的工作态度让我震惊。”

贝勒太太的话一点也没错。后来，罗杰斯果然成为一位世界闻名的高级服装设计师。

顾客已经满意自己的工作成果，按说员工自己也应该满意了，但是

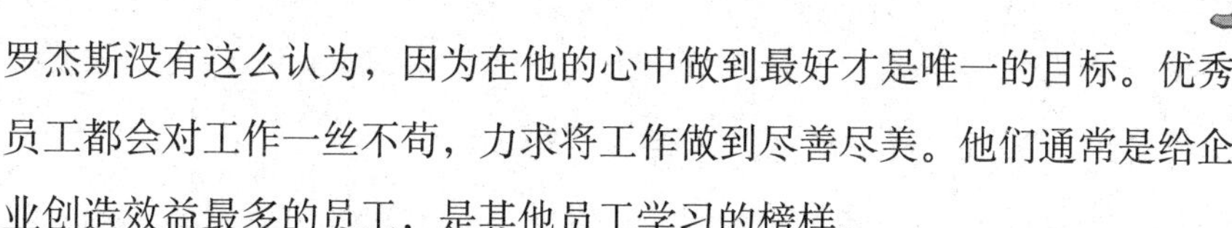

罗杰斯没有这么认为，因为在他的心中做到最好才是唯一的目标。优秀员工都会对工作一丝不苟，力求将工作做到尽善尽美。他们通常是给企业创造效益最多的员工，是其他员工学习的榜样。

在参加招聘会的那天早上，杜轮不慎碰翻了水杯，将放在桌上的简历浸湿了。为尽快赶到会场，杜轮只将简历简单地晾了一下，便与其他东西一起匆匆塞进了背包。

在招聘现场，杜轮看中了深圳一家房地产公司广告策划主管岗位。按照这家企业的要求，招聘人员将先与应聘者简单交谈，再收简历，应聘者才会得到面试的机会。

轮到杜轮时，招聘人员问了杜轮三个问题后，便向他要简历。杜轮受宠若惊地掏出简历时，这才发现，简历上不光有一大片水渍，而且放在包里一揉，再加上钥匙等东西的划痕，已经不成样子了。杜轮努力将它弄平整，递了过去。看着这份伤痕累累的简历，招聘人员的眉头皱了皱，还是收下了。那份折皱的简历夹在一叠整洁的简历里，显得十分刺眼。

三天后，杜轮参加了面试，表现非常活跃，无论是现场操作Photoshop，还是为虚拟的产品做口头推介，他都完成得不错。在校读书时曾身为学校戏剧社骨干社员的杜轮，还即兴表演了一段小品，博得面试负责人的啧啧称赞。当他结束面试走出办公室时，一位负责的小姐对他说："你是今天面试者中最出色的一个。"

然而，面试过去一周后，杜轮依然没有得到回复。他心急之下，忍不住打电话向那位小姐询问情况。小姐沉默了一会儿，告诉他："其实招聘负责人对你是很满意的，但你败在了简历上。老总说，一个连简历都保管不好的人，是管理不好一个部门的。"

仅仅是因为简历不整洁，就淘汰了杜轮这样"难得的人才"，这并不是企业"有意为难"，也不是企业的"墨守成规"缺乏灵活性。因为不论是对企业的发展，还是对员工个人的成长来说，认真负责、注重细节的态度，都是决定其成败的关键性因素。

求职履历表的字迹工整、笔答试卷的完整无误、面试表现的谦虚诚恳，都意味着一个人诚心、认真、尽职尽责的一贯作风。而粗心大意地对待细节，往往是自恃才高、骄傲自满等不良心态的不由自主的流露。

每一个企业都需要自己的员工都是重视细节的人。就算你满腹才华，却马马虎虎、不肯尽心尽力，对企业来讲，这样的员工往往是成事不足、败事有余的。

蜜蜂小语

蜜蜂在采蜂蜜的时候总是想方设法地去寻找美味的蜜源，它们从细节中做起不墨守陈规、善于改变，可谓是工作中的有心人。

认真工作，杜绝差错

一位企业经营者说过：“如今的消费者是拿着‘显微镜’来审视每一件产品和提供产品的企业。在残酷的市场竞争中，能够获得较宽松生存空间的企业，不是‘合格’的企业，也不是‘优秀的企业’而是‘非常优秀’的企业。你要求自己的标准，必须远远高于市场对你要求的标准，才可能被市场认可。”

美国一家公司在韩国订购了一批价格昂贵的玻璃杯，为此美国公司专门派了一位负责人来监督生产。到韩国以后，他发现，这家玻璃厂的技术水平和生产质量都是世界第一流的，生产的产

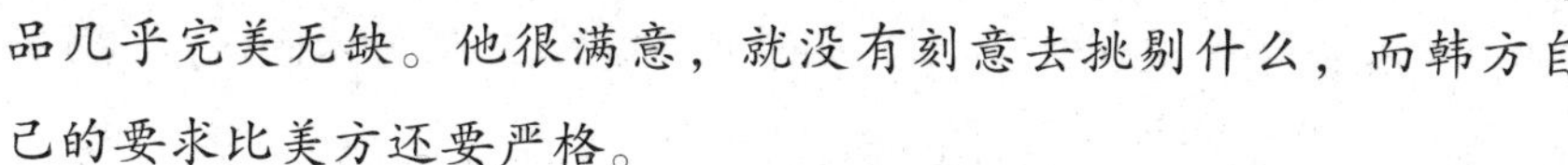

品几乎完美无缺。他很满意，就没有刻意去挑剔什么，而韩方自己的要求比美方还要严格。

一天，这位负责人无意中来到生产车间，发现工人们正从生产线上挑出一部分杯子放在旁边，他上去仔细看了一下，没有发现两种杯子有什么差别，就奇怪地问："挑出来的杯子是干什么用的？"

"那是不合格的次品。"工人一边工作一边回答。

"可是我并没有发现它和其他杯子有什么不同啊？"美方官员不解地问。

"你看，这里多了一个小的气泡，说明杯子在制造的过程中漏进了空气。"

"可是那并不影响使用啊？"

工人很自然地回答："我们既然工作，就一定要做到最好，任何缺点，哪怕是客户看不出来的，对于我们来说，也是不允许的。"

"那么这些次品一般能卖多少钱？"

"10美分左右吧。"

当天晚上，这位美国负责人给总部写信汇报："一个完全合乎我们的检验和使用标准价值5美元的杯子，在这里却被在无人监督的情况下用几乎苛刻的标准挑选出来，只卖10美分。这样的员工堪称典范，这样的企业又有什么可以不信任的？我建议公司马上与该企业签订长期的供销合同，我也没有待在这里的必要了。"

每一家企业要在竞争中取胜，都必须设法先使每个员工在工作中精益求精，只有这样才能生产出让顾客满意的产品，才能为企业创造长久的效益，才能保证企业常青发展。

一位企业经营者在总结管理经验时得出了这么一个著名的公式：

100-1=0。意思是说100件事情，如果99件做好了，1件未做好，就有可能对整个企业或个人产生百分之百的影响。在数学上，“100-1”等于99，而在企业经营上，“100-1”却等于0。

100次决策，有一次失败了，有可能让企业关门；100件产品，有一件不合格，有可能失去整个市场；100个员工，有一个人背叛企业，有可能让企业蒙受无法承受的损失；100次经济预测，有一次失误，有可能让企业破产……

这位经营者一针见血地指出，从手中溜走1%的不合格，到用户手中就是100%的不合格。为此，我们要获得成功，就应当养成认真细致的工作作风，为自己的工作制定严格的标准。要自觉地由被动管理到主动工作，让规章制度成为自己的自觉行为，把事故苗头消灭在萌芽之中。

一个人对工作的认真细致，往往体现在细节中，懂得从细节入手的人是聪明的。同时注重细节的人，也能在工作中避免发生差错，把自己的工作做得尽善尽美。

国际电话电报公司总裁兰德·艾拉斯科曾经说过：“每个管理者都应该从底层做起，世界上没有人天生就具有管理才能，可以掌管大局、处变不惊。唯有从小事做起，从细节抓起，才能训练出卓越的管理人才。”

画家尼切莱斯·鲍森画画有一条准则，即凡是值得做的都应该做好，杜绝差错，力求完美。他的一位朋友威格尼尔·德马韦尔在他晚年曾问他：“为什么你能在意大利画坛获得如此高的声誉？”鲍森回答道：“因为我从未忽视过任何细节和小处。”

工作中，一定要认真做好每一个细节，慎防“百密一疏”。一个小“病毒”的入侵就可能使整个企业的信息系统陷于瘫痪，一个小岗位的设计失误就可以导致整个组织的效率大幅降低。对蛛丝马迹的不

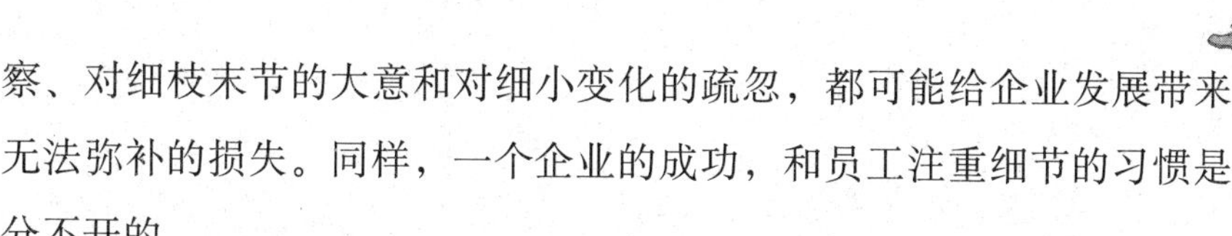

察、对细枝末节的大意和对细小变化的疏忽，都可能给企业发展带来无法弥补的损失。同样，一个企业的成功，和员工注重细节的习惯是分不开的。

纽约的百年老店华尔道夫是各国政要名流首选的下榻之处，也是深受世界各地旅客喜欢的商务客舍。它不是高耸入云的摩天大厦，也没有极尽奢靡的铺张豪华，它的过人之处是竭尽全力为每一位有需求的客人提供无微不至的服务。饭店的服务员们总能把每一个细节都做到最好，让每一个细节都令人感动。

一位退役的美国海军上将家里的墙上，一直挂着五十多年前他和妻子的定情之物——两人初次约会的晚餐菜单。这是一张华尔道夫名厨用水彩手绘的菜单，菜单右上方绘有一艘乘风破浪的军舰，左下方则是一位少女。席间，餐厅乐队适时奏起了海军军校校歌，两人在熟悉的歌声中翩翩起舞。这天晚上的华尔道夫，仿佛一切都是为他俩特别定做的。这顿浪漫的晚餐使他俩“一宴定情”，从此夫妻情深。半个世纪过去了，他们仍时常感念华尔道夫的美意，怀想那一夜的精心细致。

华尔道夫名厨在细节上认真的态度实在让人叹服。认真的工作态度有时候可以影响一个人甚至一个企业。对于一个企业来说，只有追求产品的“零缺陷”，才能被大众接受，才会赢得信誉，赢得机会，走在时代大潮的浪尖上。我们在工作中要非常认真，确保工作“零缺陷”，只有这样，才能成为一个优秀的人，进而走向卓越。

蜜蜂小语

工作认真的人就能避免或者杜绝出现工作差错。蜜蜂们就是一个认真的群体，它们认认真真、一丝不苟，工作极少出错，可谓是一个高效的团队。

认真是一种硬实力

认真，确实没有懒散来得舒服。然而，试想一下，一个想找到金矿的采矿者，如果他认为在松软的海滩上挖掘比较省力气，因而下定决心在海滩上寻找金子的话，他找到的肯定只是一堆堆沙子。而只有在坚硬的石头中挖掘，才能找到他想要的宝藏。同样，工作懒散，最后只能得到一张解聘书；只有认真努力，才能换来成长进步的机会与光明的未来。

著名的人类学家李亦园，曾经是某大学二年级历史系的学生。由于家中并不富裕，他求学的学费全部来自学校的奖学金。在大二升大三那年，他向学校提出申请，想要转到考古人类学系。不过，由于考古人类学系才创系两年，他即使转系成功，顶多也只能从大二读起。偏偏学校规定，留级者不得享受奖学金。

假如你是李亦园，你会怎么做？是为了拿到奖学金继续读原来的历史系？还是转系不拿奖学金？

面对转与不转的两难。李亦园选择了转系，同时向学校据理力争，他认为自己并非成绩不佳才留级，为什么不能领取奖学金？

“李同学，人类学不但谋生不易，而且还要行走各地做调研，很辛苦的。你是不是再考虑一下？”校长问。

“报告校长，我早已考虑过，我一定要读人类学系。”李亦园回答。看着李亦园坚定而认真的神情，校长终于批准了他的申请，同时给予他奖学金。李亦园不负校长的厚望，一心一意钻研人类学，至今近五十年，收获颇丰，著有《信仰与文化》等书，并担任研究院的研究员。而现今他取得的一切成就，都源于年轻时坚定的意志和对目标全力以赴的执着。

李亦园的这种不达目的不罢休的执着精神，可称得上“牛劲”十足。当然，这也是对“认真”二字最好的解读。当一个人心无旁骛地全力争取一件事情，那就是认真的开始。

认真，是职场人士必备的成功素质。也就是说，无论从事什么样的职业，你都应该尽职尽责地对待自己的工作。在工作的过程中，尽自己最大的努力来求得不断的进步。这不仅是一种工作的原则，也是一种做人的准则。认真，才是职业上最重要的实力体现，它比证书、资历更实用，更能证明一个人的价值，因为它是一种“硬实力”。

认真工作是提高自己的最佳方法。我们可以把工作当作你的一个学习机会，既可从中获得很多知识，还可为以后的工作打下坚实的基础，可以这样说“认真工作是一种硬实力”。认真工作的员工不会为自己的前途操心，因为，他们已经养成了一个良好的习惯，到任何企业都会受到欢迎。相反，在工作中投机取巧或许能让你获得一时的便利，但却在心灵中埋下隐患，从长远来看，只有百害而无一利。

你没有必要为了一些小事天天抱怨，白白浪费大好的学习机会。珍惜眼前的工作机会，认真工作才是真正的聪明。

三星公司经常组织员工去做公益活动。有一次，他们到北京香山公园，爬山兼收集垃圾。香山公园的环卫工人是比较尽职的，路上包括树林里的垃圾很少，许多三星的员工空手而归，只有两位韩国籍高管，每人都收集到满满两大口袋的垃圾。在员工们惊讶的目光面前，他们讲述道："你们为什么只盯着脚下呢？"原来，他们发现公园里有个不大的水潭，水面上漂浮着一些不容易打扫的垃圾。这两位高管脱掉鞋，卷起裤腿就下到水里，把水面上漂浮的垃圾都收集了起来。

这是一个MBA短训班的一位同学在做分享时涉及的一个内容，并且是一个真实事件，他现在是三星中国公司的一位事业部的老总，这令人想起了几个词，什么叫"视而不见"，什么叫"熟视无睹"，什么叫"事不关己，高高挂起"。

为什么高管满载而归，而员工却空手而回，原因在于目的是否明确，高管此行是捡回垃圾，目的明确；员工此行是捡垃圾，有就捡，无则罢，所以导致眼光自然不同，成功的路径又怎能一样？

我们不想谈高管比员工高明在哪里，不管在哪个层次上，都需要有责任心、有远见、有主动性。有一句话叫做"用心做事比用脑做事成功率高得多"，正所谓"心在哪里，成功就在哪里"。多问问自己，你是不是每天都在用心做事，是不是在集中精力做事。珍惜每一次工作，珍惜每一次任务，用心完成。这世上没有小事，只有不付出的人。

巴顿将军曾说过："看一个人的成功不是看他处在巅峰状态，而是看他从谷底到巅峰的反弹力……"

成功的定义有很多种，但是巴顿将军的这一种是最打动人心的诠释。

认真做事的确很重要，同时身处职场，有句话也很精辟：方向比距离更重要。

做事认真，虽然只是短短的几个字，可是内涵却极其丰富。认真是一个人硬实力的体现，一个人如果能够做到这点，相信必定不会是个平庸的人。无论做什么事情，我们都有必要问一下自己：我尽力了吗？

如果自诩天资不凡、潜力过人，却从不肯认真投入，也就永远无法把自己的真实本事展示出来，最终只能任由自己的天分生锈，直到想发

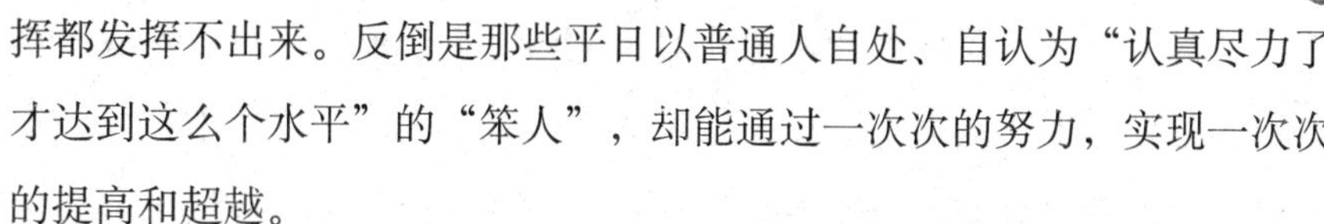

挥都发挥不出来。反倒是那些平日以普通人自处、自认为“认真尽力了才达到这么个水平”的“笨人”，却能通过一次次的努力，实现一次次的提高和超越。

有些员工本来具有出色的能力，却因为不具备尽职尽责的工作习惯，在工作中经常出现疏漏，结果让自己逐渐平庸下去。而另外有一些人刚开始在工作中表现得并不出色，他们也明白自己的情况，为了改变自身的弱点，他们全身心地、尽职尽责地投入工作之中，想尽一切办法把自己的工作做得完美。结果就在事业上取得了一定的成就。

认真，是个需要养成的好习惯，这种习惯意味着你具有了职场竞争中最可靠的“硬实力”。

具备了这种习惯，即便是辛苦枯燥的工作，你也能从中感受到价值和乐趣。你会发现，在你完成使命的同时，成功之芽也正在萌发。

路明是一名刚刚进入某公司的大学毕业生，自认为专业能力很强，对待工作十分随意。有一天，老板交给他一项任务——为一家知名的企业做一个广告宣传方案。

路明自认为才华横溢，用了一天的时间就把这个方案做完了。他兴冲冲地去见老板，老板一看不行，又让路明重新写。路明又用了两天时间，重新做了一份方案，做好的方案虽然觉得不是特别完美也还凑合，路明就把它呈报给了老板。老板仍是那句话：“这是你能做得最好的方案吗？”路明一怔，没敢回答，老板把方案又还给了他，让他拿回去重新斟酌，认真修改。

这一次，路明回到了办公室里，费尽心思，冥思苦想了一个星期，把彻底修改好的方案交了上去。老板看着他的眼睛，依然问：“这是你能做的最好的方案吗？”路明信心百倍地回答说：“是的，我认为这是最好的方案。”老板说：“好！这个方案批准通过。”

通过这一次的工作经历，路明终于明白了一个道理：只有养成认真负责的工作习惯，才能把工作做得尽善尽美。以后，在工作中，他经常告诫自己：不要分心，一定要尽职尽责地对待自己的工作。结果，他变得越来越出色，成为公司里最受老板器重的人。

认真的人是最聪明的人，只有认真才能让你在工作中表现的越来越优秀，你的事业自然就风生水起，人生也就自然与众不同。认真是一个人的硬实力，拥有了这种实力，何愁不成功呢?

蜜蜂小语

认真工作是一个人的硬实力，它能让一个人在激烈的社会竞争中处于优势地位。懂得认真的不止是人，蜜蜂们同样懂得认真工作。

找借口就是不认真

在工作中，我们可能犯这样或那样的错，犯错对于每个人都是在所难免的，但是，总是在犯错时为自己的错误找借口，那就不对了，找借口，不仅是不敢于承担责任的表现，同时也表现了对工作的不认真。

1861年，当美国内战开始时，美国总统林肯还没有为联邦军队找到一名合适的指挥官。

林肯先后任用了四名总指挥官，但没有一个人能“100%执行总统的命令”——向敌人进攻，打败他们。最后，这个艰巨的任务被格兰特完成了。

从一名西点军校的毕业生，再到一名总指挥官，格兰特的升

迁之路几乎是直线型的。在战争中，那些总是能完成任务的人最终会被发现、被任命、被委以重任。因为战争是检验一个士兵、一个将军到底能不能完成任务的最佳场所。

当格兰特将军赢得了南北战争的胜利，由此翻开了美国历史新的一页后，很多人开始寻找格兰特制胜的原因，但都无果而终。后来，格兰特做了美国总统，有一次，他到西点军校视察，一名学生问格兰特：“总统先生，请问是西点的什么精神促使您勇往直前？”

“没有任何借口。”格兰特回答。

“没有任何借口”，是西点军校奉行的最重要的行为准则，它强调每一位学员必须想尽办法去完成任何一项任务，而不是为了没有完成任务寻找任何借口，哪怕是看似合理的借口。其目的是为了让学员学会适应压力，培养他们不达目的绝不罢休的精神。同时，这也让每一个学员体会到：工作中是没有任何借口的，失败是没有任何借口的，人生也同样是没有任何借口的。

“没有借口”，就是要想尽办法去完成任何一项任务，而不是为没有完成任务搜肠刮肚寻找借口，哪怕是看似合理的借口。这 理念的核心是认真、敬业、责任、服从、诚实。因此，200年来西点军校培养出了3位总统，5位五星上将，3700余名将官和无数精英人才。在我们的实际生活和工作中，找借口也是一种不明智的举动。莎士比亚说过：“人们可以支配自己的命运，若我们受制于人，那错处不在我们的命运，而在我们自己。”

我们在工作中总会遇到困难和压力，只有开动脑筋想办法，迎着困难闯过去，才是唯一有效的应对之策。西方有句谚语也说：“无能的水手责怪风向。”找借口，还是迎难而上，是勇士与懦夫的区别，也是成功者与失败者的区别所在。

借口还是制造失败的温床。乔治·华盛顿说过："99%的人之所以做事失败，是因为他们有找借口的恶习。"再妙的借口对于事情本身也没有丝毫的用处。许多人生中的失败，就是因为那些麻醉我们意志的借口。如果你立志要让自己赢在将来，那么从现在开始就不要再为自己的失败寻找任何借口。

美国塞文事务机器公司董事长保罗·查来普说过："我警告我们公司的人，如果有谁做错了事而不敢承担责任，我就开除他。因为这样做的人，显然对我们公司没有足够的兴趣，也说明了这个人缺乏责任心，根本不够资格成为我们公司的一员。"

就长远看来，习惯于找借口的人所付出的代价非常大，因为这会让人掩耳盗铃，不去寻找失败的真正原因。一个令我们心安理得的借口，往往使我们失去改正错误的机会，更使我们错失成功的机会。

福特汽车的创始人亨利·福特，在制造著名的V8汽车时，明确指出要造一个内附8个汽缸的引擎，并指示手下的工程师们马上着手设计。

但其中一个工程师却认为，要在一个引擎中装设8个汽缸是根本不可能的。他对福特说："天啊，这种设计简直是天方夜谭！以我多年的经验来判断，这是绝对不可能的事。我愿意和您打赌，如果谁能设计出来，我宁愿放弃一年的薪水。"

福特笑着答应了他的赌约："尽管现在世界上还没有这种车，但无论如何，我想只要多收集一些信息，并把它们的长处广泛地加以分析和改进，是完全可以设计并生产出来的。"后来，其他工程师通过对全世界范围内汽车引擎资料的收集、整理和精心设计，结果奇迹终于出现了，他们不但成功设计出8个汽缸的引擎，还正式生产出来了。

那个工程师只好对福特说："我愿意履行自己的赌约，放弃

一年的薪水。”

此时，福特严肃地对他说：“不用了，你可以领走你的薪水，不过看来你并不适合在福特公司工作了。”

工程师仅仅凭借自己现有的知识和经验就妄下结论，而不是去积极主动地广泛搜集相关资料，不去寻找可能的方法，只是一味地找借口，这是他失败的根源。成功者寻找方法，失败者寻找借口。一味找借口毫不思考方法的人，他未来的命运堪忧。

其实，在每一个借口的背后，都隐藏着丰富的潜台词，只是我们不好意思说出来，甚至我们根本就不愿说出来。借口让我们暂时逃避了困难和责任，获得了些许心理的慰藉。但是，借口的代价却无比高昂，它给我们带来的危害一点也不比其他任何恶习少。

我们不妨来看看洛克菲勒写给儿子的一封信。

亲爱的约翰：

斯科菲尔德船长又输了。他输得有些气急败坏，一怒之下把那根漂亮的高尔夫球杆扔上了天，结果他只得再买一根新球杆。坦率地说，我比较喜欢船长的性格，人生奋斗的目标就是求胜，打球也是一样。所以，我准备买个新球杆送给他，但愿这不会被他认为是对他发脾气的奖赏，否则他一发不可收拾我可就惨了。

斯科菲尔德船长还有一个令人称道的优点，尽管输球会令他不高兴，但他认为赢本身并不代表一切，努力去赢的做法才是最重要的。所以在输球之后，他从不找借口。事实上，他可以以年龄太大、体力欠佳来解释他输球的理由，为自己讨回颜面，但他从不这样做。在我看来借口是一种思想病，而染有这种严重病症的人无一例外都是失败者。当然一般人也有一些轻微症状，但是一个人越是成功，就越不会找借口。那些看上去好运不断的人，与那些没有什么作为的人之间最大的差异，就在于借口。

只要稍加留意你就会发现，那些没有任何作为，也不曾计划要有一番作为的人，经常会有一箩筐的理由来为自己开脱：为什么他没有做到，为什么他不做，为什么他不能做，为什么他不是那样做的……失败者为自己处理“后事”的第一个举动，就是为自己的失败找出各种各样的理由。

我鄙视那些善于找借口的人，因为那是懦弱者的行为。我也同情那些善于找借口的人，因为借口是制造失败的根源所在。

洛克菲勒的信，使我们懂得一个不认真的人，只会为自己找借口。一个遇事喜欢找借口的人，在面临挑战时，总会为自己不能实现某种目标而找出无数个理由。而成功者大都不善于也不需要编造任何借口，因为他们能为自己的行为和目标负责，也能享受由自己的努力而获得的成果。

实际上，几乎所有的失败者都有一套“失败者的借口”，比如家庭、性格、年龄、环境、学历、老板、健康、运气等，从来没有人说，“我的失败是自己造成的”。然而，这句几乎没人会承认的话，却是世间的真理。

认真工作的人从来不找借口，他们有毫不畏惧的决心、坚强的毅力、完美的执行力，他们有坚定的信心和信念，坚决按标准执行自己的工作任务。即使遇到困难，也往往把这种挑战当成工作的乐趣所在。所以，经常在工作中找借口的人，绝不是一个认真的人。

蜜蜂小语

借口可以摧毁一个人，总是找借口的人一定是一个不认真、不负责的人。要想工作有所成效就必须认真工作，蜜蜂们就是遵照这一原则的。

蜜蜂法则五

忠于职守，爱岗敬业亲如家

有人说：“企业与员工就像恋人，相互理解才能相互沟通，并相互成长。”持有这种态度的员工，正是爱岗敬业、爱企如家的优秀员工。敬业的人才能对工作更加精益求精，力求做到尽善尽美，他们会成为各自领域里的行家、能手。这种员工深知爱岗敬业、忠于职守比能力更重要，他们积极主动地工作，为企业、为个人创造最大的利益。

忠诚比能力更重要

一个忠诚的员工，最容易得到管理者的信赖与重用，更有机会利用条件成就自己的职业生涯。

某家企业的一位技术员被竞争对手相中，而这家企业当时正处于困境之中，被竞争对手打压得喘不过气来。更可怕的是，竞争对手通过种种手段来挖大批技术人才，甚至是重金收购企业的绝密数据资料。这名技术员就是对方盯牢、打算下手的目标之一。

对方公司派人私下找到这名技术员，开出高价要求购买他手中的技术资料。结果出人意料的是，这名技术员愤怒地拒绝了，并表示只要他还在企业一天，就绝不会出卖企业任何机密。对方说客灰头土脸地回去复命了。市场竞争残酷无情，技术员所在的企业终于没能顶下来，最后宣告破产，技术员也随之失业。

迫于生计，这名技术员来到了从前的对手公司应聘一个普通技术岗位。递交求职材料的第二天，公司的技术高管就亲自接见了他，并当场拍板决定予以录用。这样一来，反倒弄得这位求职者有点不知所以了。看到迷惑不解的技术员，负责人笑了，“我们知道您，您就是那个让我们感到很‘丢人’的人。我们愿意聘请你，除了你的能力，更主要是您的那份忠诚。”凭借着忠诚与努力，这名普通技术员深得上司信赖，很快就脱颖而出，此后更是一步步升到了技术主管位置，直至进入到了公司的核心圈。

抛开其他因素不讲，在任何一家企业，要想得到上司的赏识，获得晋升的机会，最根本的一条法则就是忠诚。没有人会将重要的事情交给一个缺乏忠诚度的人。同样，一个为了蝇头小利就可以牺牲企业利益的员工，在任何一家企业都不会受欢迎。因为这样的员工出卖的不仅是企业的利益，更是自己的人格尊严。即便是受益者，也会在心底瞧不上他。因为今天他可以出卖自己的老东家，难保明天就不会出卖其他人。

在一项对世界著名企业家的调查中，当问到“您认为员工应具备的品质是什么”时，他们无一例外地选择了“忠诚”。

忠诚是职场中最值得重视的美德，因为每个企业的发展和壮大都是靠员工的忠诚来维持的，如果所有的员工对企业都不忠诚，那这个企业的结局就是破产，那些不忠诚的员工自然也会失业。

毫无疑问，大多数年轻人对自己的企业都有一定程度的忠诚之心，至少对于他们现在所从事的工作是这样的。但这样的忠诚在很多时候都表现得极其不够。甚至还有一些人，故意在监督者不在的时候把事情弄得一团糟，这样的人是绝对不能任用的。

很多人，如果你说他对企业的忠诚不足，他会这样辩解：“忠诚有什么用呢？我又能得到什么好处？”忠诚并不是增加回报的砝码，如果是这样，那就不是忠诚，而是交换。

一家著名企业的人力资源部经理说过：“当我看到申请人员的简历上写着一连串的工作经历，而且是在短短的时间内，我的第一感觉就是他的工作换得太频繁了，频繁地换工作并不能代表一个人工作经验丰富，而是说明了一个人的适应性很差或者工作能力低，如果他能快速适应一份工作，就不会轻易离开，因为换一份工作的成本是很大的。”

没有哪个企业的老板会用一个对自己企业不忠诚的人。“我们需要忠诚的员工。”这是老板们共同的心声。因为老板知道，员工的不忠诚会给企业带来什么。只要自下而上地做到了忠诚，就可以壮大一个企

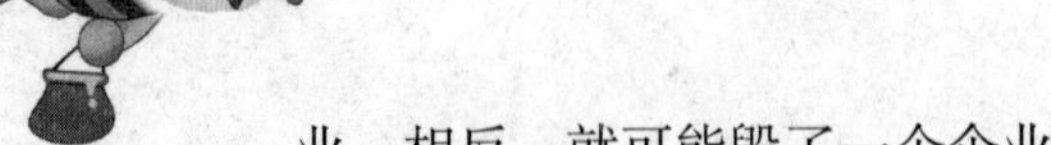

业，相反，就可能毁了一个企业。

越来越激烈的竞争中，人才之间的较量，已经从单纯的能力较量延伸到了品德方面的较量。在所有的品德中，忠诚越来越得到组织的重视，从某种意义上说，忠诚更是一种能力，因为只有忠诚的人，才有资格成为优秀团队中的一员，才能更好地发挥自己的能力。

鲍勃是一家网络公司的技术总监。由于公司改变发展方向，他觉得这家公司不再适合自己，于是决定换一份工作。以鲍勃的资历和在业界的影响，加上原公司的实力，找份工作并不是件困难的事情。有很多家企业早就盯上他了，以前曾试图挖走鲍勃都没成功。这一次，是鲍勃自己想离开，这真是一次绝佳的机会。

很多公司都抛出了令人心动的条件，但是在优厚条件的背后总是隐藏着一些东西。鲍勃知道这是什么，但是他不能因为优厚的条件就背弃自己一贯的原则，于是鲍勃拒绝了很多家公司对他的邀请。最终，他决定到一家大型公司去应聘技术总监，这家公司在全美乃至世界都有相当的影响，很多业内人士都希望能到这家公司来工作。对鲍勃进行面试的是该企业的人力资源部主管和负责技术方面工作的副总裁。对鲍勃的专业能力他们并无挑剔，但是他们提到了一个使鲍勃很失望的问题。

“我们很欢迎你到我们公司来工作，你的能力和资历都非常不错，我听说你以前所在的公司正在着手开发一个新的适用于大型企业的财务应用软件，据说你提了很多非常有价值的建议，我们公司也在策划这方面的工作。你能否透露一些你原来公司的情况，你知道这对我们很重要，而且这也是我们为什么看中你的一个原因。请原谅我说得这么直白。”副总裁问道。

“你们问我的这个问题很令我失望，看来市场竞争的确需要一些非正当的手段。不过，我也要令你们失望了。对不起，我有

义务忠诚于我的公司，任何时候我都必须这么做，即使我已经离开。与获得一份工作相比，忠诚对我而言更重要。”鲍勃说完就走了。

鲍勃的朋友都替他惋惜，因为能到这家公司工作是很多人的梦想。但鲍勃并没有因此而觉得可惜，他为自己所做的一切感到坦然。没过几天，鲍勃收到了来自这家公司的一封信。信上写着：“你被录用了，不仅仅因为你的专业能力，还有你的忠诚。”

其实，这家公司在选择人才的时候，一直很看重一个人是否忠诚。他们相信，一个能对原来公司忠诚的人也可以对自己的公司忠诚。这次面试，很多人被刷掉了，就是因为他们为了获得这份工作而对原来的公司丧失了最起码的忠诚。这些人中，不乏优秀的专业人才。但是，这家公司的人力资源部主管认为，一个人不能忠诚于自己原来的公司，人们很难相信他会忠诚于别的公司。

其实，一个人的忠诚不仅不会让他失去机会，还会让他赢得更多的机会。除此之外，他还能赢得别人对他的尊重和敬佩。人们似乎应该意识到，取得成功最重要的因素不是一个人的能力，而是他优良的道德品质。所以，阿尔伯特·哈伯德说：“如果能捏得起来，一盎司忠诚相当于一镑智慧。”忠诚重于能力，那么，请用忠诚对待你的工作吧！

蜜蜂小语

说起忠诚来，恐怕没有一种生物可以与蜜蜂相比，蜜蜂忠于自己的职业，可以说坚定如磐石。在很多情况下，忠诚比能力更重要。

忠诚是立业之本

在工作中，一个忠诚的人是一个值得信任的人，更是一个值得尊重的人。忠诚如此美好，可现实中却总有一些视忠诚如粪土的“聪明人”，他们对所有人都毫无忠诚可言，做人更是两面三刀，为了一点蝇头小利，不惜出卖所有人。时间一久，原形毕露，便成了“过街老鼠”。最后的结果是：失去了领导的信任，同事的信任，部下的信任。可想而知没有人相信这样的人能够取得事业的成功。

如果从健康这个层面来讲，忠诚也是立业之本。大家都知道一句话：身体是革命的本钱，而身体健康的关键是心态的健康。一个人只有心态好，才可能保证身体的健康。只有忠诚的人，才会有一个健康的心态。所谓“不做亏心事，不怕鬼敲门”，忠诚的人，可以坦然面对一切人和一切事。问心有愧，总是担心东窗事发，长此以往的忧虑，最终会影响到身体健康。

我们每个人都是社会中的一员，必须要与其他人打交道。要想在社会立足，要想成就自己的事业，免不了要与别人交往。而人与人交往最重要的就是诚信。一个不讲信誉，没有忠诚度的人，是不可能有所作为的。忠诚是相互的，你对别人不忠诚，又怎能指望别人对你讲诚信?

所以说忠诚企业，具备敬业精神，实质上是对自己人生的关爱和重视。一个人，无论从事什么样的职业，无论扮演什么样的角色，都应该用一种严肃恭敬的态度对待自己的工作和角色。记得有位企业总裁说

过："单位员工年龄多数在35岁以上，在目前的环境中，对绝大多数人来说，想要选择第二职业不太现实，只能把现在的工作视为终身职业。因此，我们要把自己的理想、信念、精力、才智毫不保留地奉献给这庄严的选择，单位发展了，自己才能发展得更好。"

羽毛球世界冠军张宁曾经也有过退役的念头。2004年，当她在雅典奥运会上把金牌挂在胸前的时候，已经29岁了。作为一个浑身有着伤病的老运动员，在那个时候功成身退是理所当然的事情。可张宁怀着对羽毛球事业的热爱，对祖国的忠诚，她听从了教练的话，继续留在国家羽毛球队训练，迎接2008年北京奥运会的到来。怀着对事业的高度忠诚和敬业，又经过四年的艰苦训练，她又一次地把奥运金牌戴在了自己的胸前。

这不仅是祖国的骄傲，更是她个人的骄傲。正是有了那份对国家对事业的忠诚和敬业精神，张宁又一次创造了奇迹，把自己的事业推向了一个新的高峰。

据报载，2008年年初那场冰灾中，电力系统的一位抗冰抢险英雄，就是一位平时极敬业的员工。在同事们的眼中，这位英雄平时就是以一种搞艺术的态度来对待自己的工作。他总是力求把工作做到最好。也正是这种敬业的态度与出色的工作成绩，让他当之无愧地获取了"全国五一劳动奖章"。

忠诚的员工，心里想得更多的是如何为企业争取利益。这其实就是一种敬业精神的反映，他们从不找任何借口，不为犯错误寻找借口，不为完不成任务找借口。

具有忠诚品格的员工，会将自身与企业融为一体，时刻关注企业发展，并在工作实践中及时总结、积累有利于企业发展的好做法、好经验，为企业提出合理化的建议，这同样是敬业精神之一。"企兴我荣，企衰我耻"，这是忠诚员工的境界，也是敬业的精神的最佳说明。

我们每个人的一生注定大部分时间是在工作中度过的，忠诚是立业之本，工作的成败取决于你的忠诚度，自然工作的成败也就决定了事业的成败，人生的成败。一个没有忠诚度的员工，相当于失去了阳光的心态，又怎么可能在工作中取得成功呢？有的时候，一个人的忠诚反而能够帮助他赢得更多机会。

月影去参加一家装潢公司的面试。她的工作能力很强，得到了面试官的一致肯定。但是在面试的最后，面试官却问了她这样一个问题："我知道你以前在一家房地产公司工作过。而正好我们与那家公司有一些生意上的往来。我知道你手上有一份购买房子的人员名单，不知道你是否可以透露一些情况？这份名单对我们公司未来的发展和经营很重要，而且这也是你为公司做出贡献的一个机会。希望你明白我的意思。"面试官说完就看着月影，期待着她的反应。

没想到她摇了摇头，说："实在对不起。我想我要让你们失望了。我不能对不起公司，即便我已经离开那里了，但是我是一个诚实守信的人，无论如何，我都不会出卖公司资源。对我而言，忠诚比工作更重要。"月影说完，就提上包离开了。

她的朋友都觉得挺可惜，但是月影却觉得问心无愧。几天后，月影又接到了对方公司的电话："月影小姐，恭喜你被我公司正式录用了。我们不仅考虑到你的工作能力，而重要的是，我们看中了你的忠诚。这对一个公司来说非常重要。"

本以为失去了一个机会的月影，却因为自己的忠诚而获得了一个机会。因为忠诚才是一个员工最为重要的职业素质，忠诚才是安身立命的根本。

一个人就算再有才华，再有能力，如果没有忠诚，也将最终为人所唾弃，找不到真正属于自己的位置。没有人会欣赏一个出尔反尔的小

人，职场上更是这样。

曾经有位职业经理人，名牌大学MBA管理科班出身，专业能力无可挑剔，可他恰恰缺少最紧要的一条职业操守：忠诚。他先后从事过四五个行业，在二十几家企业担任过高管。

每次少则四五个月，多则一年，他就要跳槽。更可怕的是，每次跳槽都是带着前东家的商业秘密或是资源。很快这位“杰出”人士便“声名远播”了，业界有的公司干脆就直接将其打入永不录用的“黑名单”。

一开始，这位经理人并不在意，加上前期有了一点点资金积累，于是他选择了自己创业。结果他一贯不讲诚信，毫无忠诚度可言，这让他众叛亲离、血本无归，公司仅维持了几个月便关门大吉。他开始重新进入职场去找工作，然而这次他才发现，因为原来的种种恶劣行为，已经让他无立足之地。许多企业的高管一看他的简历，直接就给扔到垃圾桶中去了。

从这个例子中，我们不难看出，一个职场人如果没有忠诚度，背叛自己的企业，别说成就自己的事业，就连生存都可能出现问题。不忠带来的是一生都无法抹去的污点，这样的员工最终会被企业抛弃，从而断送自己的职业前程。

一个忠于自己的企业，忠于自己的领导，忠于同事，忠于工作的员工，会把自己的发展目标与企业的目标有机地结合起来，把忠诚的信念作为立足的根本。知道大家是同一条船上的人，他所做的一切，不只是为了企业，更是为了自己。他会比其他人更在意企业，更加关心自己的工作，他的这种努力奋进的气场无形中会影响到周围人，从而获得同事的敬重，领导的信任，从而得到更好的发展机会，担负重任。在为企业发展创造更大的价值的同时，也在不断实现自我的人生价值。工作中不断获取进步与成功，人生也就变得更丰富，事业更成功，最终为人生的

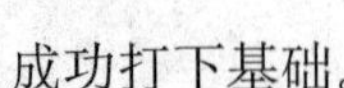

成功打下基础。

蜜蜂小语

在蜜蜂种群中，它们谨遵忠诚之责，从不违背，它们忠于自己的工作，忠于自己的种群。所以，我们看到的蜜蜂种群永远都是那么庞大。

干一行，爱一行

一个人如果能够做自己喜欢做的工作，当然是件很美好的事。然而，很多时候这只是个美好的愿望。现实情况是，由于能力、经验、经济压力等各方面因素的影响，许多人并不能一开始就找到自己喜欢的工作。他们把当下所做的工作只是视为权宜之计，很少有人是全身心投入其中。这其实是一种不负责任的、缺乏敬业精神的表现。

无论是谁，只要自己身在职场，都应当以一颗真诚的心去对待这份职业。哪怕心中所渴求的是一份更加美好的职业，但对于眼下所从事的职业，也应当用一种感恩的心去愉快接纳它，并用认真负责的态度去完成它。既然不能实现“爱一行，干一行”，不能从事自己喜欢的工作，那就不妨调整心态，转而“干一行，爱一行”。

曾经有一段时间，中央各大新闻媒体报道了一个把工作当成事业的人，他就是马班邮路上的忠实信使王顺友。王顺友是四川省木里县邮政局马班邮路乡邮员，在王顺友先进事迹报告会上，他本人这样谈了他对工作的认识：“1985年，走了一辈子马班邮

路的父亲，把他手中的马缰绳交给了我，对我说‘父亲老了，走不动了，这个班今后就交给你’。那年我才20岁。我走的是父亲走过的路，一走就是20年。

“我走的路都是高山和峡谷，人烟稀少、气候恶劣。大多数时候只能露天宿营，在山岩底下、草地上、大树底下搭个简易的帐篷就睡。一路上，先要爬山，翻海拔4000多米的察尔瓦雪山，气温在零下十几摄氏度，冷得要命；下山走到海拔1000多米的雅砻江河谷，气温四十多摄氏度，又热得要命。饿了就啃几口糌粑面，渴了只能喝几口山泉水或吃几口冰块。最苦的是雨季，常常摔得浑身是泥，夜里也只能裹一块塑料布睡在泥水里。到了晚上，山里更是静得可怕，我燃起火，也想家中的妻子儿女。

“其实，这些年来我最难受的是觉得对不起我的家人，特别是对不起妻子和父亲。但我不能对不起邮路上的父老乡亲。高原上的各民族兄弟，都讲究做人要实在、诚恳、厚道。说实话，乡亲们对我太好了，组织上对我太关心了，省、州邮政局领导多次到木里看望我，还改善了我家的住房条件，我就是再苦再累也报答不了。

“我不怕困难，不怕吃苦，就怕别人说我工作没做好，对人不厚道。只要大家说我是个好人，是个合格的共产党员，我就满足了。”

王顺友先进事迹报告团在北京及全国其他省市做报告许多场，场场爆满，感人至深。与其说是王顺友的事迹感人，不如说是他对工作的态度与听众产生了共鸣。在当前，人们对工作非常浮躁，把工作不当一回事，出现像王顺友这样的人让人们经受一次工作精神的洗礼。

与王顺友相比，很多人的工作条件、收入、地位等都比他好很多很多，但这些人总觉得工作没有激情、没有意思，没有前途。其实，无论

干什么工作，都要做到“干一行，爱一行”，又何愁工作没有成效?

一个人如果一旦决定要从事某种职业，或者正在从事某种职业，那就需要不断地勉励自己，训练自己，控制自己，在工作中培养坚定的意志，不断向前迈进，走向属于自己的成功。干一行，爱一行就是爱岗敬业精神的最好体现。

人都具有可塑性，无论干什么，只要用心投入，就能发现其中的乐趣。也就是说，只要我们具备良好的态度和尽心尽力的责任感，即使不是很爱一行，也能干好一行。兴趣是可以培养的，从不喜欢到喜欢、从不爱到爱，需要一个过程，重要的是先去了解它，接纳它，发现它，时间长了就会慢慢喜欢上它。

一旦有了兴趣，产生了热情，事情就会变得简单许多。心理学家发现，每个人内心都有热情，这种内心的强烈情感正是驱动人们奋发进取，获取成功的关键因素之一。热情可以激发出一个人的巨大能量，甚至是补充生理上的潜能，而且更容易培养出一个人的坚强毅力。只要有了热情，再枯燥乏味的工作都可能变得生动有趣。有的人被称为工作狂，别人无法忍受的事情，他们却是乐此不疲，永不厌倦。之所以会这样，就是因为他们对自己的工作充满了热情。

有的人更优秀，把热情转为激情，甚至把不可能变为可能。世界军事史上的天才拿破仑就是这样一位神奇人物。别人需要准备一年，才能发起一场战役，他只需要十几天的时间就可以开打。他第一次率法军远征意大利，半个月之内连打六场战役，而且场场获胜，惊得对手目瞪口呆。在对手眼中，他完全是个不懂军事的疯子。然而，就是这个充满激情的“疯子”，带领一帮同样永不言败、充满热情的“疯狂的”士兵，横扫整个欧洲大陆。

被雨淋湿的柴点不燃，同样，缺乏热情的工作做不好。很多工作没做好，问题不是出在工作本身，而是出在做工作的人身上。因为他们虽

然干着这一行，却不爱这行，没有兴趣，缺乏热情，只是在为工作而工作，沦为了工作的奴隶。没人愿意和一个整天萎靡不振的人在一起，同理，也没有一个企业愿意聘用一个情绪低落，整天抱怨不休的员工。

其实，塞翁失马，焉知非福。职场上同样如此。也许一开始自己并不热爱或者并不熟悉的领域，结果却很有可能是激发出自己潜能，成就自己一番事业的领地。正如老话常说的，是金子就一定会发光。

如果你真是个人才，只要你用心，那么你从事任何一件工作，都能把它做得很出色。想办法点燃自己心中的热情，让自己对工作产生兴趣，那么工作效率与工作质量肯定会有质的突破。工作到位了，意味着事业之火也就点燃了。

有个年轻人因为所学专业是冷门，找工作很难。在找了很长一段时间后，终于有一家企业肯用他了，可是薪水不高，而且工作极为繁杂琐碎。从心底来讲，年轻人很不喜欢这项工作，一来专业不对口，感觉读书多年竟然所学无所用；二则薪水太低，勉强糊口。自己堂堂硕士毕业生，居然拿这么点工资，跟一个专科生拿的一样多，心里很不平衡。

面对这份“鸡肋”工作，年轻人每天郁闷至极。有一天同学聚会，年轻人大吐苦水，而且声称，再熬上三个月，凑满一年就跳槽，这样自己的求职简历上就有一年工作经验了。

其中一位同学听了，就笑话他：“你这算哪门子经验啊？不过是经历罢了。你真的懂你公司的业务？你一年时间根本就没有什么经验嘛，你说你有经验，这不是骗人嘛。我劝你，最好摸清了这个行业门道后再跳槽，否则就太亏了，时间花去了，什么都没学到手。”一番话，说得年轻人哑口无言。仔细想想，好像是这么个道理，就这么辞职，钱没赚到，时间又浪费了，再怎样也得了解清楚后再走。抱着这个目的，年轻人开始真正留心起自己

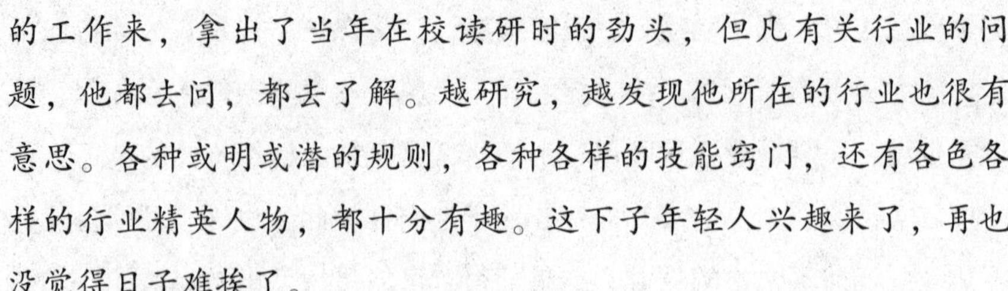

的工作来，拿出了当年在校读研时的劲头，但凡有关行业的问题，他都去问，都去了解。越研究，越发现他所在的行业也很有意思。各种或明或潜的规则，各种各样的技能窍门，还有各色各样的行业精英人物，都十分有趣。这下子年轻人兴趣来了，再也没觉得日子难挨了。

很快三个月过去了，接着半年又过去，不知不觉中两年也一晃而过。年轻人不仅没走，反而越“混”越好，先是部门小组长，接着是部门主管，现在已经是部门副经理了，看老板的架势，过不了多久还要提拔他。同学再聚时，有人问他，当初想跳槽，怎么后来会舍不得走。他笑了，“我也不知道为什么，只是后来发现这工作其实也挺好的。玩转了，老板反倒升我的职，加我的薪。想想挺逗的，以前我是拼死拼活地做工作，还郁闷惨了。现在我是玩工作，反倒越玩越轻松了。”

仅仅是一个心态的转变，把工作的热情点燃了，就让年轻人产生如此大的改变，这不能不说是热情的神奇。无论何时何地，干一行爱一行都是员工职业道德中，一个最基本、最普遍、最重要的要求。每一个具体岗位，不论平凡，高低，贵贱，都应忠于职守，一丝不苟，这才是真正具有高度负责的职业精神和职业道德意识。每个人都有责任与义务去认真完成自己的工作，做好每件事情，这其实是一种良好的人生态度。对工作负责，就是对自己负责。一个人，一旦爱上了自己的职业，他的身心就会融合在职业工作中。就能在平凡的岗位上做出不平凡的事业。

无论从事何种职业，都要本着“干一行，爱一行”的原则才能体验到工作的乐趣，从而在才能更好地做好自己的本职工作，实现职业生涯的进一步提升。

蜜蜂小语

“干一行，爱一行”这是一种对工作负责的态度。只有把工作当做一种乐趣，才能最大发挥自身能力，更好地干好本职工作。蜜蜂们一生忠于一个工作——采蜜，把它当作自己的兴趣、爱好，并且乐在其中。

养成敬业的习惯

爱迪生在解决工作难题时几乎是废寝忘食，甚至“霸道”到禁止助手与家人谈论与自己工作无关的事情。“世界最伟大的推销员”之一的吉拉德，别人用餐过后付小费就完事，他却会多留一盒名片给服务生，请他们帮忙散发给其他用餐顾客；看比赛时，别人扔鲜花，扔矿泉水瓶，他却扔的是自己的名片。他几乎是时时刻刻都在想着推销自己与产品。

美国标准石油公司第二任董事阿基勃特刚进公司时，还只是一名毫不起眼的普通小职员。可是没过多久，这个没人注意的“小虾米”就因为“特立独行”而“跳”入大家视线。进标准石油公司后，阿基勃特就以成为公司一员为荣。但凡签名，他都会在签名下方写上一句广告语：“每桶四美元的标准石油”。不管是住旅馆登记，还是给亲友写信，甚至是签收借据，无一例外。因此，他得了个“每桶四美元”的绰号。

后来，这绰号被当成笑话，传到了公司董事长洛克菲勒的耳中。出人意料，洛克菲勒不仅亲自接见了阿基勃特，还邀请他共进晚餐，并且把他立为敬业员工的典范，号召公司所有职员向他学习。敬业的阿基勃特在实际工作中越来越展露出他卓越的工作才华，最后一步步从最基层上升到了公司高层，直至接任退休的洛克菲勒，出任公司第二任董事长。

养成敬业的习惯，或许不能马上带来立竿见影的好处。可是目光放长远一点的话，它终将会给自己带来丰厚的回报。对工作养成敬业习惯，就能对工作始终保持尽力、尽心、尽责的状态，就能从工作中获得比旁人更多的机会，学到更多的工作技能，也更容易适应这个竞争激烈的社会并受人尊重。

如果没有敬业的习惯，反倒让散漫、马虎、不负责任成了工作常态，那么做任何事情都将是敷衍塞责、毫不用心。这也就意味着这种人将一直打短工，因为没有任何一家企业会长期聘用一个没有责任心的员工。混日子的员工，对企业来说，只是损失掉了一部分的工资成本，但对员工自身而言，却是毁掉了他的职业前程与发展机会。

一个把敬业当成习惯的员工，从来都是实际行动者。他们几乎很少提到自己如何敬业，对企业如何忠诚。他们敬业与忠诚，都实实在在体现在工作中，用具体的工作业绩来说话。通用公司的前首席执行官伊梅尔特就是这样一位敬业的员工。

当时，伊梅尔特还只是负责公司的电气医疗系统业务，虽然很尽力了，但业绩却一度非常糟糕，以至于公司高层把他找去谈话。同时暗示，一年之内如果状态不能回升的话，后果将很严重。伊梅尔特没有做任何辩解，更没有去找各种客观理由为自己开脱，而是表示如果一年之后，业绩还是上不去的话，他将自动辞职。当然，结果不说大家也能猜得到。

凭借那份敬业的执着，伊梅尔特千方百计去寻求突破，一年

之后打了个大的翻身仗，业绩直线上升。伊梅尔特不仅没有离开通用，而且他通过自身努力，最后坐到了首席执行官的位置。

敬业是种好习惯，而习惯则是可以培养的，那么我们该如何去培养敬业的习惯？

“业精于勤”，永远不会错。无论在什么岗位，干一行，爱一行，还得精一行。勤奋工作的同时，还需要多思多想，多利用业余时间来充电，多阅读与本职工作有关的书籍和资料。争取做到精通所在岗位的方方面面，了解工作中的每一个细节内容。知己知彼，百战不殆。

汤姆·布兰德，起初只是美国福特汽车公司一个制造厂的杂工。然而他却凭借着勤奋与敬业，一路打拼，32岁时就升任到总领班的职位，成为福特公司成立以来最年轻的总领班。汤姆20岁时进厂工作。不久，他就对工厂的生产情况作了一次全面的调研，知道了一部汽车由零件到装配出厂，需要经过13个部门的合作，而每个部门的工作性质各不相同。他当时就想：既然自己要在汽车制造这一行做点事情，就必须要对汽车的全部制造过程都能有深刻的了解。于是，他主动要求从最基层的杂工做起。杂工不属于正式工人，也没有固定的工作场所，哪里有零星工作就要到哪里去。汤姆通过这项工作，和工厂的各部门都有接触，对各部门的工作性质也就有了初步的了解。

当了一年半的杂工后，汤姆申请调到汽车椅垫部工作。不久，他就把制椅垫的手艺学会了。接下来他又申请调到点焊部、车身部、喷漆部、车床部去工作。不到五年的时间，他几乎把所有部门的工作都做过了，最后他决定申请到装配线上去工作。

汤姆的父亲对儿子的举动十分不解，他问汤姆：“你工作已经五年了，总是做些焊接、刷漆、制造零件的小事，恐怕会耽误前程吧？”

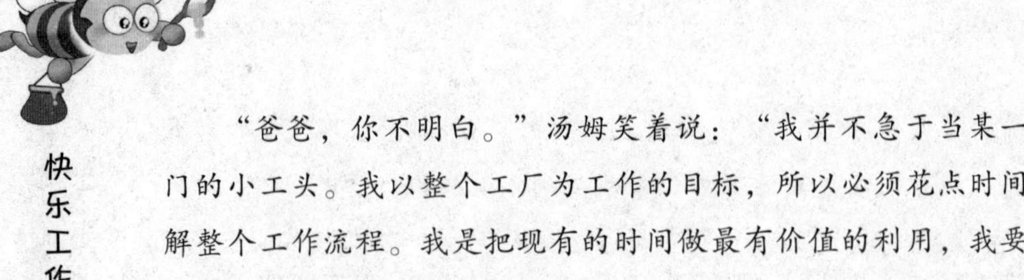

“爸爸，你不明白。”汤姆笑着说：“我并不急于当某一部门的小工头。我以整个工厂为工作的目标，所以必须花点时间了解整个工作流程。我是把现有的时间做最有价值的利用，我要学的，不仅仅是一个汽车椅垫如何做，而是整辆汽车是如何制造的。”

当汤姆确认自己已经具备管理者的素质时，他决定在装配线上崭露头角。汤姆在其他部门干过，懂得各种零件的制造情形，也能分辨零件的优劣，这为他的装配工作增加了不少便利，没有多久，他就成了装配线上的灵魂人物。很快，他就升为领班，并逐步成为15位领班的总领班。

要把敬业培养成习惯，还得要习惯“每天多做一点点”。在工作中总是有人以“我已经下班了，不关我的事”或“我没挣这份钱，这事不应该我干”来逃避责任。其实，把自己所当班次的工作没有任何遗留问题交给下一个班次，是员工的职责，也是对自己和同事负责任的一种表现；节假日里打给值班或当班人员一个电话，了解一下工作情况，以便我们在假日归来更好、更快地投入工作；离开办公室时，简单地整理一下内务，询问一下相关部门是否还有工作衔接问题。不要认为这些是小事，不值得一做，“不积跬步，无以至千里；不积小流，无以成江河。”大事皆由小事累积而成，没有小事的累积，也就成就不了大事。要知道，多做那么一点点绝对不会把你累垮。这种率先主动的工作习惯会使你更加敏捷，更加积极。“能做大事的人很少，不愿做小事的人极多。”每个人都希望自己是做大事的人，而不是做小事的人。但是，一屋不扫，何以扫天下？小事都做不好的人，怎么能够成就大事呢？

养成敬业的习惯，需要在每件工作中都百分百投入，全力以赴。每次工作都能做到全身心投入，所有的事情都要求自己做到最好，并且随着习惯的养成，那么工作想不出色都难。这其实就是在潜移默化中培养

了自己的敬业习惯。

有一个叫辛齐格的演员，长期以来一直在一出舞台剧中出演受难的基督。他忘我的境界常常让观众不觉得是在看演出，而仿佛感觉到是真的耶稣在台上受难，大家都惊叹他高超的演技。

有一次，一对夫妇在观看完演出后，来到后台找辛齐格合影留念。合完影后，丈夫回头看见了辛齐格表演时背负的那个舞台道具——一个巨大的木十字架。丈夫一时兴起，来到十字架边，对妻子说："我也来扮演一下基督，你帮我拍张照。"

可当丈夫费劲想把十字架背起来时，才发现那根本不是简单的道具，而是一个真正橡木做成的沉重十字架。使尽全力之后，丈夫气喘吁吁地放弃了。他一边擦着汗水，一边问辛齐格："道具不是假的吗？难道你每次都背着这么重的东西演出？为什么啊？"

辛齐格回答道："是的，如果感觉不到十字架的重量，我就无法真正演好这个角色。在舞台上我就是耶稣，这和道具没有关系。"

舞台上没有道具，职场上更没有道具，要做好工作，就必须付出百分百的努力。正如李嘉诚所说："我在创业初期，靠的不是运气，而是工作、是辛苦。靠的是工作能力赚钱。要想成功，你必须对你的工作、事业有兴趣，更要全身心地投入工作。"

在工作中，要养成敬业的习惯。这种习惯将让你受益终生。

蜜蜂小语

敬业的人，一般对待工作尽心、尽力、尽责，这样的人都能取得很好的成绩。蜜蜂就是十分敬业的，它们起早贪黑，不埋怨、不抱怨。它们把敬业当作一种习惯，尽最大可能地为工作付出。

爱岗敬业，从小事做起

所谓“小事”就是细节，关注细节是每一个员工的爱岗敬业的表现，也是每一个和企业利益相关的人必须做到的，在工作岗位职责内应该认真做到客户无小事，企业无小事。

东京一家贸易公司有一位小川小姐专门负责为客商购买车票。她常给德国一家大公司的商务经理购买来往于东京、大阪之间的火车票。不久，这位经理就发现一件趣事：每次去大阪时，座位总在右窗口，返回东京时又总在左窗边。

经理询问小川小姐其中的缘故。小姐笑答道：“车去大阪时，富士山在您右边，返回东京时，富士山已到了您的左边。我想国外的朋友都喜欢富士山的壮丽景色，所以我替您买了不同的座位票。”

就是这种看似不起眼的细心事，使这位德国经理十分感动，促使他把对这家日本公司的贸易额由400万欧元提高到1200万欧元。他认为，在这样一个微不足道的小事上，这家公司的职员都能够想得这么周到，那么，跟他们做生意还有什么不放心的呢？

客户无小事，客户的事情再小，也与客户是否对企业100%满意这种完美结局紧紧联系在一起。每个客户都希望被合作方重视，直至每一件小事。在与他人的合作中，任何小的疏忽都会造成客户的不满，甚至可能产生十分严重的后果。因此，客户的每件小事都是大事，只有把每一件小事做到位的员工，才算是爱岗敬业的员工，这样的员工才能把大

事也做完整。

作为企业的一名员工，敬业爱岗是一项基本的素质要求。一个真正敬业的员工，无论身处何种岗位，他都会竭力去做好自己的分内的事。凡是能与自己岗位工作挂得起钩的所有事情，哪怕是一些无人注意的点滴小事，他都会加以留意，并且为我所用。

洛克菲勒初进石油公司时，只是一个负责检查油罐盖焊接的小职员。可就是这个小职员，在全公司最枯燥、最乏味的工作中，搞出了一项新发明，为公司节约创收高达五亿美元。原来，年轻的洛克菲勒在认真观察罐盖焊接，并仔细研究焊接剂的滴量与滴速后发现，用焊接枪每焊好一个罐盖，需要滴39滴焊接剂，而实际上只需要滴38滴就足够了，问题出在焊接枪上。经过反复试验，“38滴型”焊接枪终于被洛克菲勒研制成功，公司将其正式投入使用，仅焊接剂一项开支就节约了数亿美元。洛克菲勒也就此迈出了成功的第一步，直到最后成就自己的石油帝国。

作为一名员工来讲，毫无疑问，洛克菲勒是名敬业的好员工。那么长时间别人都不曾关注的细节被他看到了，并且加以研究利用，这就说明他日后的成功绝非偶然。通常说来，相比于一般的普通员工，敬业爱岗的优秀员工更加注重工作的细节，而且更加善于捕捉并利用这些细节，从而成就自己的工作，成就自己的职业生涯。

相反，如果不去注重工作细节，很可能就会因一个看似无足轻重的疏漏，断送了自己的职业前程。

某跨国集团公司下属一家子公司的市场部主管，是一名刚升上来的年轻职员。然而主管的位置还没等到坐热，他就在一次高层的例行巡视中被当场免了职。免职理由，说出来简直令人发笑。不是因为工作业绩，不是因为资历，更不是因为人际关系，而是因为他办公桌上的几袋小零食。

当时，负责巡视子公司的是集团公司的人事总监，一位有着丰富管理经验的女强人。当她巡视到办公室时，她忽然注意到了市场部主管的桌子上摊着几袋吃了一半的零食。女总监当场宣布免去其主管一职。

事后，女总监给出了自己的解释：第一，在公司，零食是绝对禁止带入办公区域的，身为主管，不能以身作则，知法犯法，影响恶劣；第二，身为市场部负责人，对外形象很重要，而他的办公桌上杂乱，还有零食，不仅影响个人形象，还影响了整个公司高效有序的形象；第三，一个爱在办公室吃零食的男人，给她的印象是办事犹豫拖拉，立场不坚定。这样的人不够成熟稳重，不适合担任管理职务。

这三点理由，让在场的人，包括被免职的主管在内，都无话可说。魔鬼存在于细节之中，办公桌上的几袋小零食就暴露出如此多的负面信息。零食不是问题，问题是零食的背后，是对自身岗位细节要求的缺失，并由此让领导失去了信心。

如果每一个员工都从点滴做起，从自己的岗位做起，不仅是敬业，也是忠诚爱岗的体现。必须承认，很多岗位都是日复一日，按工作流程重复一些琐碎而枯燥的工作，不可能会发生激动人心的大事件。然而，一个忠诚敬业优秀的员工，却总能在这些单调的工作中找到乐趣，而且乐此不疲。有些人不理解：那么无聊乏味的事情，怎么他们都能做得那样开心，而且做得那样认真，换作自己，可能早就疯了。

这其实是因为他们没有真正理解一个敬业爱岗者的心态，他们不明白“存在即合理”，任何一个岗位，任何一份工作，之所以存在，是因为需要，而人生的快乐，工作的快乐就在于“被需要”。一个人的成就感即来自于“被需要”“被认同”，“我的工作或许很不起眼，但我的工作真的很重要”。如果每天都能用好心情去工作，那么工作中的烦恼

就自然不复存在。

煎汉堡是件很简单并且单调的工作，可有个年轻人却把这件工作做得有声有色，而且“声名远播”。这个年轻人在一家快餐店负责煎汉堡，他每天都是乐呵呵的，尤其是煎汉堡时更是兴致勃勃，仿佛不是在煎汉堡，而是在做一件很快乐的游戏。他每天始终如一的乐观与热情感染了每个顾客。

于是有人问他，究竟是什么让他每天面对如此乏味的工作，还能做得如此开心。

年轻人回答说，他在煎汉堡时很开心的话，那么吃到他精心煎制汉堡的人也一定会感到开心，因为快乐可以传递。客人吃得越开心、越满意，他就越高兴，觉得自己又完成了一件意义非凡的事情，因为他给人们带去了快乐与满足。煎汉堡对他来讲，那是带给人们快乐的工作，是上帝赋予他的使命，所以他每天都必须要尽全力把它做好。

人们都为他的这种敬业精神所打动，大家口耳相传，“快乐”汉堡很快就声名远播。许多人专程跑来品尝，仿佛他的汉堡真有一种魔力，可以带来快乐，消除烦恼。一段时间过后，公司高层也得知了这一情况。经过实地暗访，情况属实，大家都被年轻人的积极态度所感动，一致认为这样的员工应该给予更多的机会。没过多久，年轻人被提升为片区经理。

工作是人生中不可或缺的一部分，当我们把它看成是人生一项快乐的使命并投入热情时，再乏味的工作，也将不再是一件苦差，而会变成一种乐趣，就像那个快乐的年轻人一样，工作的人自然就会拥有更光明的前途。相反，如果将工作当成劳役，总想着逃避和糊弄，最终吃亏的还是自己。

爱岗敬业要从小事做起，从细节做起，把每一件事都做得尽善尽美的人，才能得到职位的提升，事业的成功。反之，将庸庸碌碌，一事无成。

蜜蜂小语

爱岗敬业是一个人的职业美德，爱岗敬业不是要求你做惊天动地的大事，它要求我们从小事做起，关注细节。有一种生物，它们爱岗敬业，它们勤勤恳恳，它们所做的事都是微不足道的小事，但是它们从细节中体现了什么叫做“爱岗敬业”，它们的名字叫作“蜜蜂”。

敬业，让你受益良多

今天对于刚刚参加工作的很多年轻人来说，他们在工作时，想到的仅仅是怎样能够帮助自己，获得最大的收获以及最快速度的成长。他们将敬业视为老板监督员工的手段，将忠诚视为领导者欺骗下级的工具，甚至觉得向员工灌输忠诚与敬业思想，最终受益的只是企业与老板。

但事实上却并非如此。敬业不只是对企业有益，其最终的受益者还是员工本人。具备敬业的精神，你就能够在遇到困难时勇气倍增，面对诱惑时无动于衷，就能够具有让有限资源发挥无限价值的能力，从而获得最后的成功。

敬业不只是对企业负责，对本职工作负责，更是对自己负责，对自己职业生涯负责。那种把敬业当成为老板卖命的想法，忽略了很明显的一个事实：企业必须有效益，老板必须要赚钱，是理所当然的事情。

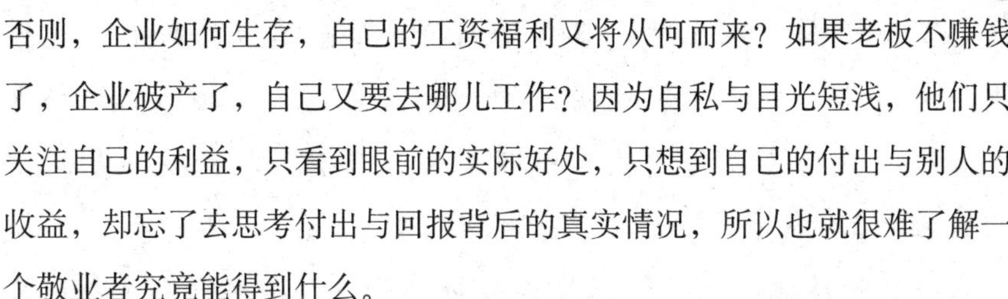

否则，企业如何生存，自己的工资福利又将从何而来？如果老板不赚钱了，企业破产了，自己又要去哪儿工作？因为自私与目光短浅，他们只关注自己的利益，只看到眼前的实际好处，只想到自己的付出与别人的收益，却忘了去思考付出与回报背后的真实情况，所以也就很难了解一个敬业者究竟能得到什么。

工作不是为企业或老板打工，而是为自己打工。同理，敬业不是为了别人，也是为了自己。敬业的人能从工作中学到比别人更多的经验，而这些经验正是他们向上发展的踏脚石。哪怕将来他们换了地方从事不同的行业，丰富的经验和好的工作方法也会为他们带来更多帮助，为他们的成功奠定基础。

一个敬业爱岗的人，从事任何行业都能比别人做得更出色，也更容易成功。案例：伯利恒钢铁公司的老板齐勃瓦就是一个因自始至终敬业而大获成功的典型。都说“穷人的孩子早当家”，齐勃瓦也是这样。

家境贫寒的齐勃瓦，15岁便背井离乡出外谋生。在一个农场当了三年马夫之后，他到了一家建筑工地打工，这工地属于钢铁大王卡内基的产业。从进工地的第一天起，齐勃瓦就下定决心，要做就做最棒的。当其他工人吹牛聊天或在大发牢骚时，齐勃瓦却躲在一边抱着书本啃有关建筑专业的知识。一次休息时间，经理临时下到工地检查工作，发现其他工人都在闲聊，只有齐勃瓦一人在津津有味地看书。经理觉得有些奇怪，便上前瞧他在看什么，随手又翻了翻他做的笔记，便一言不发地离开了。

第二天，经理派人把齐勃瓦叫到办公室，问他学那些有什么用。齐勃瓦没有正面回答，而是反问经理，公司是不是缺少有经验懂技术的技师与管理人员，经理点头称是。没过多久，齐勃瓦就升为了技师。有些工人眼红，私下便挖苦他。齐勃瓦不以为意，说出了自己的心声：“我不是为老板工作，我是在为自己的梦想与前程工作。我创造的价值要超过我的薪水，这样老板才会给我机会。”凭借这份执着与信念，齐勃瓦比谁都更敬业，也比谁都走得更快。短短几年，齐勃瓦就从技师升到了总工程师的位置。

25岁时，他出任了这家建筑公司的总经理。很快，齐勃瓦又被琼斯发现。琼斯是卡内基钢铁公司的二号人物，既是卡内基的合伙人，又是钢铁公司的总工程师。在公司建设一家大型钢铁厂时，琼斯发现了齐勃瓦异乎寻常的敬业精神与管理才能。等到工程完工后，琼斯便让齐勃瓦当了自己的副手，负责管理全厂事务。两年后，琼斯因事故罹难，齐勃瓦接任厂长一职。齐勃瓦负责的钢铁厂很快就成为整个卡内基钢铁集团公司的核心企业。几年之后，齐勃瓦便出任整个集团公司的董事长。

齐勃瓦依旧无比敬业，并没有停止向前迈进。在董事长一职上，他更加熟悉了钢铁企业运作的种种要求以及对内对外的管理经验。

最显著的一个例子就是，在担任董事长的第七个年头，他成功协助卡内基与大财阀摩根合作，并大大打击了对方的傲慢，为卡内基赢得了利益与尊严。在对整个钢铁企业了如指掌后，齐勃瓦选择了自己创业，成立了伯利恒钢铁公司，并且创下了非凡业绩。

齐勃瓦的成功不能不说是敬业带来的最大收益。有时候，敬业带来的收益也许不会立刻显现，但时间一久，最终将会获得丰厚回报。而且有一点可以肯定，任何一家企业，任何一个老板都喜欢敬业的员工。反之，老板与企业最讨厌的就是那种缺乏敬业精神，没有职业操守的员工。因为他们的散漫、马虎与不负责任的情绪，不仅让自己的本职工作无法做到位，而且还会影响并带坏其他员工。

敬业表现为尽职尽责、善始善终等职业道德，其中所蕴含的使命感

和责任感，让敬业精神成为一种最基本的做事之道，成为成就个人事业的首要条件。如果员工以一种尊敬、虔诚的态度对待职业，甚至对职业有一种敬畏的态度，他就已经具有了敬业精神。竞争越来越激烈的现代职场，敬业是成就大事不可或缺的重要条件。它是强者之所以成为强者的一个重要原因，也是一个弱者变为一个强者应该具备的职业能力。

敬业的人一直都是企业争抢的对象，因为员工敬业的最直接结果是企业的不断发展。如果拥有敬业精神，工作尽心尽力尽责，那必然会受到老板的欢迎。而且，这种敬业精神也会感染其他员工，形成一种良好的工作氛围。所以，企业里敬业的员工才是老板最倚重的员工，也是最容易成功的员工。如果员工能力一般，但是忠诚敬业会让他走得比别人更远。

卡尔森是卡尔森企业集团的老板，跟齐勃瓦一样，他也是敬业从而成功致富的典范。他自己的工作格言是："周一到周五保持不落后，周六与周日用来超越。"正是这种敬业精神筑成了他的最后成功。

表面看来，敬业是为企业，但最大的受益者还是我们自己。工作的过程其实就是一个自我提升的过程。工作其实也是一种学习，如逆水行船，不进则退。如果不能在工作中完善自己，同样会掉队。所以说，每件工作，每次任务都是一次自我提高与完善的机会，也是一次重要的职业发展机遇，必须要全力以赴。一个敬业的员工，其实就是一个对自己工作全力以赴的员工。与此相反，如果工作不用心，甚至认为自己是在受剥削，是在给老板打工，从而每天心怀不满，牢骚满腹，对任何事情都敷衍了事，其结果只能是卷铺盖走人。不知感恩，不愿敬业，也就不可能真正用心把工作做到位。工作不到位，自然也就失去了被重用的机会。连一试身手的机会都没有，又谈什么谋求个人职业成功，实现人生理想抱负呢？可以肯定地说，一个没有敬业精神的人，一个不懂得珍惜工作机会，一个把工作视为负担的人，是没有前途的人，他实际上是在

葬送自己的成功与前程。

敬业，说到底就是对所从事的职业精益求精。当敬业意识深植于脑海时，那么做起工作来就会积极主动，并从中体会到快乐，从而获得更多的经验和取得更大的成就。在职场中，只有敬业才是真正的聪明。职场中提升最快的往往是那些工作认真、踏实敬业的人。一个人要想在职场上取得成功，就必须改变自己对工作的态度，无论做什么事情，都务必竭尽全力。因为一件事情的意义绝不只是事情本身，它往往能决定你日后更大事业的成功。重视自己的工作，对工作认真负责，你就会发现自己是最大的赢家。在任何时候，你都应该记住：敬业，让你受益良多。

蜜蜂小语

在工作中，敬业已经变得越来越重要了。敬业不仅让企业受益，而且最大的受益人还是本人。所以懂得敬业的人是最聪明的人。而最懂得敬业的蜜蜂，则是自然界中最聪明的动物之一。

蜜蜂法则六

团队合作，齐心协力创共赢

俗话说："三个臭皮匠，顶个诸葛亮。"一个人无论如何优秀，他的能力也是有限的，也有力所不及的事情。而一个团队，就算每个人的资质都很平庸，但只要通过团结协作，就一定可以出色地完成任务。团队是个人成功的基石，只有每一个人融入集体，通力合作，才能创造共赢。

众人拾柴火焰高

在一个团队中，讲的是团结协作。在团队内部，人人都要把自己看成是一个工蜂。团队内部的成员，只有互相信任、共同合作，发挥团队最大力量，众人拾柴火焰高，才能为团队创造最大的利益。

平时会听到有些员工这样抱怨：“我每天工作这么努力，而有些人天天在那里混日子，要是他们都像我这样工作，就会有更大的成果。”其实，这种想法是团队意识不强的表现。因为即使你的同事真像你说的那样，那么你的抱怨也是让他们无法忍受的。相反，互相抱怨反而加剧了部门之间的对立、同事之间的隔阂，不但工作压力会更大，而且工作中遇到或明或暗的阻力更大，对个人成长和团队协作造成更不利的影响。

就像《西游记》里的唐僧师徒四人一样，不能要求每个人都像孙悟空那么能干，关键在于四个人能够形成合力，都在为西天取经这一个目标努力。在工作中也是一样。因为一个人再能干力量也是有限的，关键是大家想不想取长补短、互相信任，形成岗位合力。

所以，一个具有团队精神的人、一个明智的人，会选择善待自己的同事，积极服务团队，发挥自身最大作用。

詹鲁士的个人工作能力十分出众，可是他进惠普公司工作时间不长就被主管解聘了。他觉得很没面子，一脚踢开主管的门，拍着主管的桌子向主管约翰逊咆哮：“凭什么解聘我？是我的能力差吗？我比我的同事出色多了！”

不等约翰逊解释，他又口沫横飞地喝问：“是我没有创新意识吗？我们部门几项重要的创新措施，都是我最先提议的。你瞎了眼吗？”怒气冲冲的詹鲁士两眼喷火，手指着约翰逊的鼻子恶声恶气地道：“听着，你这样对我太不公平！浑蛋！”

“请你不要激动，听我稍做解释。”约翰逊冷静地回答，“请原谅我的坦白，我从未怀疑过你的能力，但遗憾的是你太过于傲慢无礼了。我们公司一直以形象良好、口碑极佳著称。而你，不但在公司内粗鲁、散漫，而且还蛮横无理地对待客户，这是我们坚决不允许的！

“不仅如此，周围的同事都很难和你相处，我们很重视员工的工作能力，可是我们也同样重视员工的人际关系。”

“可……这是我个人的私事，我想我的工作并没有受到影响。”詹鲁士争辩道。

“如果你在家里，是的，我并没有否认这一点，但问题是你已经是惠普公司的一名员工了。”约翰逊耸耸肩，“实在抱歉，因你缺乏对别人起码的做人道德，已经严重地影响了他人的工作，而且也破坏了我们公司的形象，我们只能请你另谋他就！”

詹鲁士被辞退了，实际上这与他的工作能力毫无关系。关键问题就是因为他不懂得团结同事、蛮横无理。

所有的企业都非常注重员工是否能和周围的人和谐相处。在企业中谋求生存不仅需要能力，还需要爱心。只有善待周围的人，与周围的人和谐相处，你才能有更好的职业发展空间。

每个人或多或少都有些英雄情结，内心都会崇拜英雄或渴望成为一名英雄，然而当今社会不是个人英雄主义的年代，而是一个团队合作的时代。正如资深管理学专家德罗克所言：“一个企业的成功，靠的是整个团队而不是某一个人。”一个人仗剑行走天涯、除暴安良的故事，过去不曾发生，现在也不会发生，将来更没可能发生。就像老百姓常说的

一句话：猛虎架不住群狼，好汉抵不过人多。你一个人纵然浑身是铁，又能打几颗钉呢？

“众人拾柴火焰高”绝对不只是一句口号，世间只有全能的团队，而绝没有可能存在一个全能的个人。人不是神，是人就会有自身的缺陷，就会有不完美的遗憾。然而一个团队，却可以最大限度地接近完美。因为一个优秀的团队虽然由单个的人组成，可是每个人却可以取长补短，相互补充，尽可能地补充彼此的缺漏。这也正是团队力量与个人作用的巨大区别所在。正如彼得德·罗克所说的：“一个人靠一种精神力量生存和发展，他的理念决定他的生存状态。一家企业也是如此，无数人的个体精神，融会成一种共同的团队精神，这是一家企业兴旺的开始。”

大雁飞行的时候，几乎都是排成V字形的。科学家经过测算，排成V字形飞行的大雁，比一只单独飞行的大雁可以多飞行20%的距离。这是因为每一只大雁振动翅膀的时候，周围的空气受到激荡，可以为其同伴省力。但是为首的大雁因为前面没有同伴而不能省力。于是雁群就定期更换领头雁，以形成这种互惠互利的局面。

团队的力量是巨大的。现代社会中，很多事情已经不是一个单独的员工可以完成的事情。它需要一个团队的合作，共同努力去完成。合作就是力量，这就是真理。

“具有良好的团队合作精神”，已成为现代企业用人的通用基本标准之一。员工有较强的沟通能力，且善于与其他人合作，是许多企业在考核员工职业素质的一项重要指标。当今社会是一个高度专业化和复杂化的社会，这意味着一个没有团队精神，只有个人英雄主义情结的社会成员，通常是无法取得成功的。因为如果他不懂得与人合作的话，就无法去适应这个复杂的生存发展空间。作为一个团队，企业其实就是一个缩小的现实社会，需要其中每个成员之间的信任与合作，需要彼此共同

的进取精神，才能构建一个和谐而拥有强大竞争能力的优秀团队。

很多人把海尔的成功归于张瑞敏的铁腕与智慧，然而张瑞敏不以为然。在张瑞敏看来，海尔的价值观才是它成功的核心。海尔的企业文化就是：人的价值高于物的价值，共同价值高于个体价值，共同协作的价值高于独立单干的价值。正是这种强调团队合作的企业文化价值观，充分调动了海尔每名员工的工作积极性与责任心，让每名员工都以是海尔人而自豪。

与张瑞敏持相似观点的则是微软公司的一位研究人员，他曾提到过微软的用人标准，最看重的就是团队精神。以开发操作系统Windows XP为例，微软公司的500名软件工程师足足干了两年，编了五千多万行的编码才得以成型。如果没有团队合作精神，没有彼此的协调，要完成这么庞大的系统工程，是根本无法想象的。换句话说，在现代企业中工作，如果还是抱着“独行侠”单打独斗的个人英雄主义观念，不愿意或不擅长与别人合作，那么他的职场前景就不会太美妙。

现实职场中，只埋头做自己的事，钻研自己业务的员工并不少见。他们的工作心态就是：各扫门前雪，不管他人瓦上霜。他们只管完成自己的工作，很少或基本上不“抬头看人”，不去关注集体中的其他成员。表面上看，这样的员工似乎很敬业，也很认真负责。事实上，他们的这种漠然态度却是在瓦解整个团队。

企业是一个团队，团队的发展不是单靠某一个成员，而是有赖于每个成员的奉献力量。就好比一条流水生产线上的一道道工序，如果其中一个环节出了故障，最终将影响到整个生产进度或流程。只有团队才有可能成为“十项全能”，而单个的成员，最多也只能是某项，或某几项的“单项冠军”，不会是无所不能，样样精通的全能选手。

企业就是一个团队，它的每位成员都是在为这个集体奉献自己的力量。对于企业中每个员工而言，彼此合作就是天堂，各自为政则为地

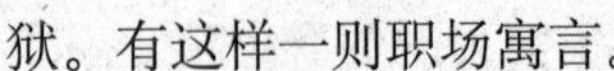

狱。有这样一则职场寓言。

某人参观地狱，里面的饿鬼个个面黄肌瘦，面对琳琅满目的各种美味，看得见却吃不着，急得只能干瞪眼。因为阎王爷使坏，让他们个个都使用三尺长的筷子，夹得起菜却放不进嘴里。

接下来，某人又去视察天堂。也不知是不是上帝与阎王爷事先商量好的，里面的人也是人手三尺长的筷子。可奇怪的是，天堂里的人却红光满面，个个吃得满嘴流油。到了开饭时间，某人这才发现，原来天堂里的人比地狱的饿鬼聪明多了，他们在彼此喂对方吃东西。

寓言的含义很明显，团队合作才是有前途的，才能互惠互利，只想着自己，迟早饿死。这也正如一位美国政治家所说的那样：个人的力量终有限，合作才是胜利的保障。合作，不只是工作，也是一切个人与团队繁荣的根本。

一个企业缺乏团队精神，充其量也只是一个临时的团伙儿，这样的企业是没有前途的。同样，没有团队意识的员工，也不是一个合格的员工，更不会是一个受欢迎的员工。我为人人，人人为我，一个优秀的企业往往是员工获得个人职业成就的最好平台，是决定一个员工职业发展的关键性因素。许多职场成功人士，包括一些独立创业的成功人士，他们都曾从自己工作过的优秀团队中获取过许多宝贵的经验财富。

众人拾柴火焰高，团结的力量是无穷的。而一个人的力量是很有限的，只有依靠团体才能有利于我们个人和团体的发展。

蜜蜂小语

蜜蜂是一个庞大的种群，成员之间彼此合作，共同创造事业的共赢。团队合作对一个群体而言是至关重要的，一个群体只有团结协作才能确保各项工作有条不紊地进行下去。

誓与集体同进退

作为企业的一名员工，不管你是司机、推销员、会计，还是库管员；也不管你是技术开发人员，还是部门经理，哪怕你仅仅是一名清洁工，只要你是企业的一员，你就必须做到爱企如家，和企业同命运，共进退。

迈克是纽约一家广告公司的职员，他的老板琼斯是世界著名的广告策划人，迈克从自己的老板身上学到了很多管理和经营方面的知识。

迈克刚进入公司时，公司运转正常，迈克的工作也开展得很顺利。这时，公司承担了一个大项目的策划——在城市的各条街道做广告。全体员工对此惊喜万分，全身心地投入工作中去。全市的每个街道都要做十多个广告，全市至少也有几千个广告，这给公司带来的经济利益和社会效应是十分可观的。老板琼斯在发工资那天召集全体员工开会：“公司承担的这个项目很大，光准备工作就耗资几百万元，公司资金暂时紧张。所以，该月工资就放到下月一起发放，请你们谅解一下公司。工资早晚都是你们的，只要我们把项目搞好，大家一起共享利润。”所有的员工都对老板的话表示赞同。迈克这时产生了这样的想法：公司现在正是资金大流动的时候，我们所有的员工应该集资投入大项目中去。

可是，半年以后风云突变。经过员工们辛苦奔波，全套审批

手续批下来的时候，公司却因资金缺乏，完全陷入停滞状态。别说给员工发工资，就连日常的费用也只有向银行伸出求援之手。公司前景黯淡，欠款数目巨大，银行也不给予他们答复。然而，就在这个困难时期，迈克说出了心里的想法：全体员工集资。琼斯笑笑，无奈地拍拍他的肩膀："能集多少钱？公司又不是几十万元就能脱离困境，集资几十万元只是杯水车薪，连一个缺口都堵不住。"

当琼斯召集全体员工陈述公司的现状时，一下子人心涣散，人员所剩无几。没有拿到工资的员工将琼斯的办公室围得水泄不通，见琼斯实在无钱支付工资，他们各取所需，将公司的东西分得一无所有。迈克的想法却和这些人不一样，他产生了一种莫名的感觉：沙漠里的人也能生存。不到一个星期，公司只剩下屈指可数的几个人时，有别的公司来高薪聘请他，但他只说："公司前景好的时候，给了我许多，现在公司有困难，我得和公司共渡难关，我不会做无道德之事。只要琼斯总裁没有宣布公司倒闭，总裁留在这里，我始终不会离开公司，哪怕只剩下我一个人。"

不久，公司只剩下他一个人陪琼斯了，琼斯歉疚地问他为什么要留下来，迈克微笑着说了一句话："既然上了船，船遇到惊涛骇浪，就应该同舟共济。"

街道广告属于城市规划的重点项目。他们停顿下来以后，在政府的催促下，公司将这来之不易的项目转移到另一家大公司。但是在签订合同的时候，琼斯提出了一个对方必须答应的条件：迈克必须在你的公司里出任项目开发部经理。琼斯握着迈克的手向那家公司总裁推荐："这是一个难得的人才，只要他上了你的船，就一定会和你风雨同舟。"一个公司需要许多精英人才，但更需要与公司共命运的人才。

加盟新公司后，迈克出任了项目开发部经理。原公司拖欠的工资，新公司补发给了他。新公司的总裁握着他的手微笑着说："这个世界，能与公司共命运的人才非常难得。或许以后我的公司也会遇到种种困难，我希望有人能与我同舟共济。"迈克在后来的几十年时间里一直没有离开过这个公司，在他的努力下，公司得到了更为快速的发展，如今他已经成为了这家公司的副总裁。在这里，最值得一提的，不是迈克卓越的能力，而是他自始至终都与公司同舟共济的责任感。

与企业同命运、共进退是每一个员工的职责，当企业遭遇困境和危机时，我们不能扔下企业自奔前程。企业在发展的过程中，使我们每个人都得到了成长的机会，因此我们有义务在企业遇到危难时伸出援手，更何况帮助企业就是帮助自己，企业发展了，我们自然也会得到发展。当企业面临种种艰难的考验时，身为其中的一员，我们也都在接受各种不同的考验。

如果我们能够经受住最艰难的考验，能够在危急时刻与企业并肩奋斗，那么我们才能与企业携手共进，才能成为在企业中成长最快的员工，无论是在思想素质上，还是在业务能力上，我们都能尽快获得成长。

有一家私营企业的老总，因为受到家庭婚姻问题的打击而变得日渐消沉，工作完全不在状态。企业才刚刚进入发展平稳期，就遇到这种情况，原来良好的发展势头很快就变成了急转直下的"自由落体"运动。企业经营状况越来越糟糕，老总也没心思去打理，就由着它去，结果很快就到了破产边缘。许多员工，包括一些以前老板视为心腹的"忠臣"，都开始各谋出路，纷纷跳槽。到最后，只有一名女文员留了下来，老总成了名副其实的光杆司令。

看到这名女下属，老总很无奈也很奇怪。他没想到这个其貌不扬，平时也少言寡语，几乎无人注意的小文员，居然会是最后陪自己留守的人。令他更没想到的是，这个看上去还有些稚嫩的女孩子，竟然把自己“训”了一通，指出了自己种种不是，并且还拿出了一套行之有效的策划方案。老总猛然意识到，自己的荒唐差一点误了企业的前程与自己的事业。于是在女下属的激励与帮助下，老总重新振作起来，凭借那套方案，险中求胜解决了企业最急迫的危局。两人再接再厉，运用以前的各种资源，开始逐步摆脱困境。度过了最危险期后，企业开始重新招兵买马，又进入了新的发展轨道。

到后来，企业逐渐发展成了一家大型的集团公司，当初的老总已是集团董事长，而那个小文员则成长为了集团总经理，是董事长最得力的左右手。

小文员能成长为总经理，归根结底还是因为她比老总还要在乎这家企业，是把企业当成了自己的事业。哪怕企业到了最危急的关头，她仍然是不离不弃，而且想方设法去帮助企业老总渡过难关。试想，任何一家企业多些这样的员工，何愁企业不兴。

如果每一个员工用主人公的心态来严格对待自己的工作，将企业的事当作是自己的事，将企业的利益看作是自己的利益，将企业作为自己衣食和精神寄托的地方，当企业发生困难时，与企业共进退，那么每一个员工都有可能成为一个企业的支柱和核心。

这不仅关系到企业的发展和生存问题，也是个人职业生涯的投资问题。如果每个员工都爱企如家，便会尽心尽力地为企业服务，因为他们明白，只有企业好了，只有企业有了发展，自己才能获得一个更能展示自己的舞台。当然，也只有那些真正把企业当作是自己的家的员工，才是企业真正想要的员工，才是企业真正信赖的员工。

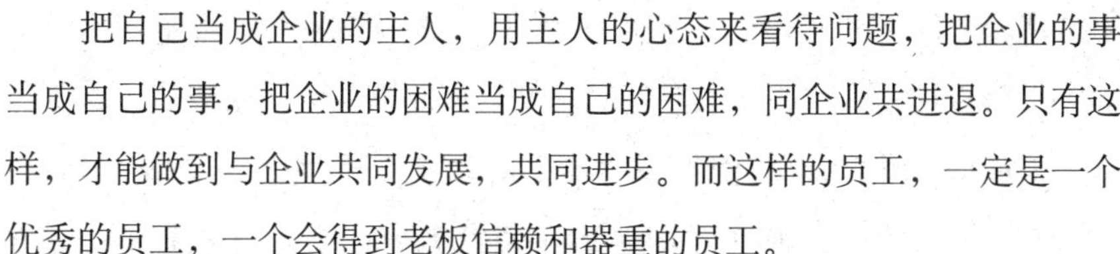

把自己当成企业的主人，用主人的心态来看待问题，把企业的事当成自己的事，把企业的困难当成自己的困难，同企业共进退。只有这样，才能做到与企业共同发展，共同进步。而这样的员工，一定是一个优秀的员工，一个会得到老板信赖和器重的员工。

蜜蜂小语

蜜蜂是世界上最有团体观念的物种之一，它们彼此团结协作，患难与共，与群体同进退，以行动诠释了它们的良好的集体观念。

团队是个人成功的基石

叔本华说过：“单个的人是软弱无力的，就像漂流的鲁滨孙一样，只有同别人在一起，他才能完成许多事业。”一个人再完美，也就是一滴水；一个团队，一个优秀的团队就是大海。

在现代的社会中，人们不崇拜“个人英雄主义”，个人奋斗的工作方式也并不适合当前的社会环境。因为在工作中，个人的力量毕竟是有限的，正如歌德所说：“一个人不管努力的目标是什么，不管他干什么，他单枪匹马总是没有力量的，合群永远是一切善良思想的人的最高需要。”

相信我们每个人小时候都当过“拆卸工”，拆卸各种电子器件，尤其是手表。你把手表拆开后，你是否发现里面的各种齿轮都“紧紧拥抱”，正是它们的这种“紧密拥抱”才使得手表为我们指示了分秒不差的时间，这就是相互配合。

团队合作也一样，要想使团队发挥其最大的效能，作为其中每一个"齿轮"的员工也必须"紧紧拥抱"，"紧紧拥抱"就离不开合作精神，没有合作精神，整个团队就像一堆散落的零件一样无法运行。团队是个人成功的基石，只有懂得合作的人，才能获得事业上的成功。

马云从最初的普通高校教师到中国最大的电子商务"帝国"——阿里巴巴的缔造者，创造了一个成功的美丽的神话。

马云是最早在中国开拓电子商务应用并坚守互联网领域的企业家，他和他的团队创造了中国互联网商务众多第一：开办中国第一个互联网商业网站——中国黄页，提出并实践面向中小企业的B2B电子商务模式，为互联网商务应用播下最初的火种。

他在中国网站全面推行"诚信通"计划，开创全球首个企业间网上信用商务平台；他发起并策划了著名的"西湖论剑"大会，并使之成为中国互联网最大的盛会。马云率领他的阿里巴巴运营团队汇聚了来自全球220个国家和地区的1000多万注册网商，每天提供超过810万条商业信息，成为全球国际贸易领域最大、最活跃的网上市场和商人社区。

他有太多的故事，从开始的平凡到现在的备受瞩目，从一开始的遭人质疑到现在的品牌效应，我们看到了他的坚韧、他的付出、他的永不言弃。可是，诚如马云自己所说，他能获得成功，最该感谢的是他的团队。

"没有完美的个人，只有完美的团队"，这是一个越来越被很多人认可的观点。正如松下幸之助所说的："每个人都拥有不同的智慧及无可限量的潜能，当大家对此有所了解，并同心协力加以开发时，就能为社会带来繁荣。"马云正是将他的队员的智慧充分发挥了出来，他团结了这些企业精英，让他们携手合作，从而创造出无与匹敌的力量。

"一个篱笆三个桩，一个好汉三个帮"，个人事业的成功离不开团队合作。今天，各行各业的竞争越来越激烈，作为社会的个体成员，

要想取得事业成功，也变得越来越难。如果你还天真地以为仅凭个人能力，单打独斗就可以打下自己的一片事业，那无疑是痴人说梦。

现在不再是个人英雄主义的年代，而是一个团队合作的时代。一个人的成功，必须要融入团队之中，借助团队的力量，才有可能获得。换言之，团队才是个人职业成功的牢固基石。

两队人马做同样一件事：一队只是简单的组合，大家各自为政，互不理睬，没有协调，没有合作；另一队有组织，有纪律，分工明确，职责清晰，彼此协作，信息共享。请问，哪队人马效率更高、也更容易取得成功？答案不言而喻，肯定是后者。后者具备了一个优秀团队的应有条件，而前者只不过是一群乌合之众，是团伙。再追问一句，是团队成员更容易取得成功呢，还是团伙成员？

毫无疑问，一个优秀团队的成员，能够凭借团队之力，更容易达成自己的职业目标，取得个人职业的成功。因为在这个合作团队中，他能够获得其他成员的有力协助，取他人之长，补自己之短，从而有针对性地弥补自身缺陷，提高自己的能力。即便是自己无法克服的难题，因为有了其他伙伴的支持也可以解决。比如说，大家都知道已故的大学者季羡林老先生是古梵文专家，假如你对梵文一窍不通，然而你的团队成员里就有季先生，那你不懂梵文还是个问题吗？

在任何企业，个人只是企业中的一分子。失去了企业这个大团队，个人成功也就无从谈起。就像建筑需要打基础，基础越牢，建筑也就越稳。没有基础或者基础不牢，建筑是经不起风吹雨打的。团队就是个人成功的基础，团队越优秀，个人也就越在成功，或者说成功的可能性更大。没有团队协作精神，个人也失去了成功的可能性。

如果说企业是一部运转的大机器，那么员工就是这部机器中的一个零部件。机器运转不了，部件当然也就失去了存在的意义。换句话说，每个员工要成功，必须得保证企业的成功。皮之不存，毛将焉附？企业

团队是第一位的，是基础，是平台，个人要依附这个平台，保护好、创建好这个平台，才有可能谈自身的发展。

团队才是胜利的保障，才是员工个人取得事业成功的基石。现代企业的分工越来越细，没有可能出现孤胆英雄这样的员工，因为没有一个人能仅凭一己之力来影响整个企业的命运。越优秀的企业，越强调团队精神，也越排斥那些职场“独行侠”。对于员工自身发展来讲，如果不能真正融入团队，那必将处处碰壁，到最后断了自己的人脉，也断了自己的职业前景。

李伟的业务能力很强，但在其他同事眼中，他却是个性格孤僻的“独行侠”。除非必要，他很少和别的同事交流。别人有问题，他总是亲自动手帮忙解决，却很少详细告诉对方的问题所在。因为不愿与同事沟通，同事们误以为他是自恃清高，不屑于大家交流心得，所以尽管大家都很佩服他的能力，却没人对他有特别的好感，有的同事甚至主动避开他。

这样一来，李伟也乐得做个“孤家寡人”，懒得去观察了解周围的动态。恰恰是因为这种“懒开金口”的习惯，又一次让这个“闷葫芦”遭遇了职场挫折。

李伟新来的上司，最不能容忍的就是这种缺乏团队意识的下属。每次他和大家交流，其他同事都积极参与，可李伟却总是独自躲到一边去看自己的书，根本不关心大家在聊些什么，就更别提主动参与讨论了。这让新上司大为光火，多次找他谈话，他却依然我行我素。过了没多久，李伟就被辞退了。李伟感到很冤，他闹不明白，自己没有做错什么，为何连个说公道话的人都没有。更令他郁闷的是，这已经是自己第三次稀里糊涂地被炒鱿鱼。

或许也有人会替李伟喊冤，“不就是因为不愿意和人交流吗？哪至于要被踢出局呢。”如果换个角度来看，李伟一点也不

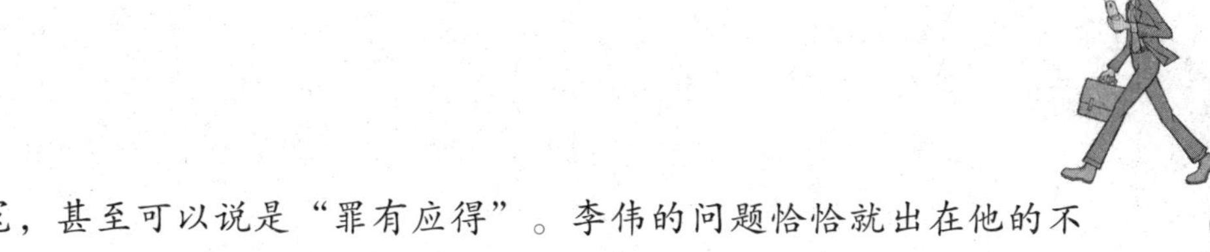

冤，甚至可以说是“罪有应得”。李伟的问题恰恰就出在他的不愿意与人交流，奉行沉默是金、单打独斗的工作理念上。

职场上有一类“隐士”，就如同案例中的李伟。工作之中，除非必要，他们更愿意埋头做自己的事情，尽量避免和同事进行面对面的交流。他们通常采用电子邮箱或是电脑网络进行联络。他们认为，这样做是为了不打搅同事的工作。然而，职场上如果完全奉行沉默是金，两耳不闻窗外事的话，同样可能陷于个人发展困境。

一位拒绝与他人沟通交流的员工，一个过度以自我为中心的员工，又怎能真正获得别人的支持与帮助？现代企业职业分工越来越细，传统的单兵作战的项目则越来越少。在这样的职场发展趋势之下，如果还抱着李伟那种工作心态，当然难以获得成功。要想在工作中成长进步，就必须依靠团队，依靠集体的力量。

学者韦伯斯特说过：“人们在一起可以做出单独一个人所不能做出的事业；智慧+双手+力量结合在一起，几乎是万能的。”同心石成玉，协力土变金。一个团结的集体，遇到任何困难都会迎刃而解，因为集体拥有个人无法比拟的无穷智慧。团队是个人成功的基石，一个人只有依靠团队的力量才能一步步走向成功。

蜜蜂小语

孙权说过：“能用众力，则无敌于天下矣；能用众智，则无畏于圣人矣。”个人的能力是有限的，而团队是我们成功的基石，依靠团队我们才能成功。蜜蜂们的采蜜事业之所以能够一再创造新高，就与其团队的团结是分不开的。

融入团队，真诚对人

今天，是否拥有良好的团队合作意识已经成为了众多企业招聘员工的一个基本要求。一滴水想要不干，唯一的办法就是融入大海。同样的道理，每一个单独的人都是一滴水，只有融入团队这个大海中，才有可能更好地发挥自己的所长，一展自己的才华，实现永不干涸的价值。

一位名人曾经说过："帮助别人往上爬的人，会爬得更快。"任何一个人的行动都有可能对整个群体产生不可估量的影响。一个人的力量纵然有限，但一群人的力量却是无穷的。将自己融入整个团队中，可以获得更好的灵感和创意，更大地发挥自己的所长。一个艰巨任务的出色完成，一定是整个团队的通力配合，因此，一个目标明确，团结和谐的团队就显得十分重要。这样的一个团队，一方面可以圆满地完成任务，另一方面又可以让每个人更好地发挥自己的力量，收获意想不到的结果。

一家文具销售公司招聘高层管理人员。经过一轮轮的筛选，最后剩下了12名优秀的应聘者闯进了最后的面试。公司老总在详细看过了这12个人的资料和简历之后感到非常满意，但由于这次招聘最终只能聘请其中的三个人，于是给他们出了最后一轮面试的题目。老总先把他们随机分成了A、B、C、D四个组，每组三个人。他要求A组调查当地的小学生文具市场，B组调查中学生文具市场，C组调查大学生文具市场，而

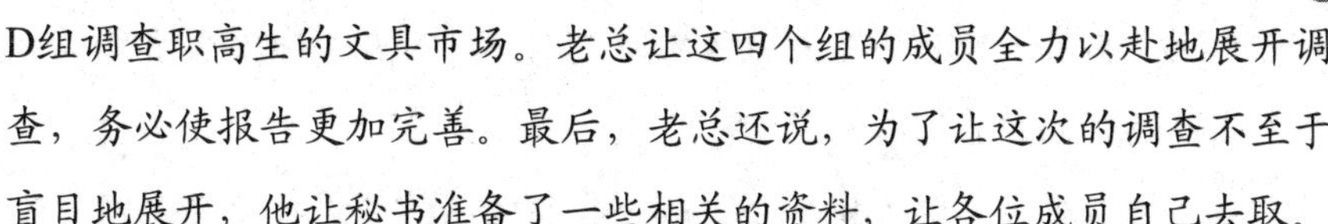

D组调查职高生的文具市场。老总让这四个组的成员全力以赴地展开调查，务必使报告更加完善。最后，老总还说，为了让这次的调查不至于盲目地展开，他让秘书准备了一些相关的资料，让各位成员自己去取。

三天后，四个组的成员都如约提交了自己的调查报告。老总看过后，直接把C组的三个成员留了下来，并告诉他们，他们已经被录取了。其他三个组的成员觉得很疑惑，自己的报告做得也还算不错，为什么单单留下C组的三个人呢？于是，其中一个被淘汰的应聘人员就向老总询问原因。老总笑着说：“请大家打开秘书给你们大家的资料互相仔细地看一看吧。”

原来，老总发给每个人的资料是不一样的。每组的三个人得到的资料分别是文具市场的过去、现在和未来的分析。老总说，他之所以出这样一个题目，目的主要是让大家明白，团队合作的重要性。

C组的三个成员在领到资料之后，互相借用和学习，补全了自己报告上的不足之处。而其他几个组的成员都是独来独往，各自完成了自己的报告，没有一点团队合作的精神。老总还说，一个企业，除了需要能力强的员工，更加需要一个具有团队合作精神的员工，因为团队合作才是企业立于不败之地的保证。

正是C组的成员把个人融入团队，团结协作，共同完成任务最终得以录用。常言说得好，一根筷子容易被折断，但是10根筷子却能牢牢抱成团。这句话说明了团队合作的重要性。我们每一个员工就好比是一根筷子，只有每个人把自己融入团队，才能组成一个非常具有凝聚力的团队。这样的团队是一个成熟的团队，这样的团队才能更好地完成任务，获得成功。

一个企业就是一个团队，不能融入团队，也就意味着难以在企业中立足。某些员工总是怨天尤人，牢骚满腹，而且稍不如意就频频跳槽，归根结底，还是因为自身缺乏团队合作意识，不能把自己真正融入集体中去。这样的员工，心不定而且少忠诚，所以很难在工作上有所突破，当然就更谈不上职业生涯的成功。

个人能力再强，终究也是有限的，只有团队的能量才是强大和持久的。就像水滴融入江河，个人只有融入团队，依靠团队成员的互助与支持，与团队共发展，才能将自己的能量发挥到极致，才能真正形成一股强大的影响力。

当自己获得成功时，一定不能忘记团队其他成员的默默支持。要想真正融入团队，除了意愿之外，还必须要有沟通协作的能力。现实之中，很多员工并不缺少团队意识，可一旦涉及具体事情的合作时，却总是跟同事搞不好关系，无法有效协作。特别是一些刚进入职场的年轻员工，更是为这个问题而烦恼。

职场上，不论处于何种岗位，从事什么工作，在团队中做到真诚，就能得到对方的尊重与认可。如果你是领导，你对下属真诚，那么换来的是下属的信任与拥戴；如果你是下属，你对上司真诚，那么得到的是上司的肯定与倚重；如果你是同事，你对同事真诚，那么获取的是对方的支持与帮助。真诚，是一个团队的凝聚力的关键因素。

任何一个团队，每个成员的发展都不是孤立存在的，都离不开别人的支持与帮助。融入团队，增强团队的凝聚力，必须要有彼此的真诚。只有人人都真诚地去面对，才会有更好的合作，团队才能更具竞争力，团队成员才会有更好的发展前景。

如何才能做到真诚去面对每个人，这个问题其实也不是很难。首先，在团队中应该尽可能去适应企业文化，认同企业文化，同时尽量去适应你的同事，把自己看成他们中的一员。平常多跟同事沟通，共享工作心得，多虚心接受建议或批评，有则改之，无则加勉。日久见人心，一段时间后，同事就能看出你的真诚来，也就更容易接纳你进入这个团队，大家相处自然会越来越愉快。

当自己取得成功或是拥有一定优势条件后，要学会与其他成员共享自己的成功与快乐。因为只有分享，才会有合作，才会有荣辱与共的相互认同，才会有彼此的真正融合。只能共患难，不能同富贵的团队到头来终究还是难以维持。当然，真诚还表现在不与同事发生正面冲突上。人都有自尊心，正面冲突很容易撕破面子，彼此伤害对方的情感。有的隔阂可能会因此而持续很长一段时间，从而影响到以后的工作。有时候，某些矛盾并不是因为团队整体利益而起，而是私人之间为一些鸡毛蒜皮的小事而钩心斗角。如果因此而与对方发生冲突，不仅让别人瞧不起，同时也显得自己心胸狭隘。

李健是一家工厂的人力资源部负责人，厂里的大部分员工都是李健亲自面试招来的。李健与他们的关系处得都还不错。其中有一位老技术员，是李健千方百计挖来的。这名老技术员有着十分丰富的行业经验，专业技术也相当过硬，是那种可以实实在在为企业创造效益的优秀员工。李健很尊重这名员工，平日都以“老大哥”称呼。

忽然有一天，老大哥告诉李健，他已经给车间主任打了辞职报告，准备走人了。李健一听，大吃一惊，连忙问原因。因为李健清楚，这位老大哥行走江湖几十年，踏实努力，工作中不会偷懒，耿直且善良，不会随便辞职不干的。结果却出乎李健的意料，老大哥想离开的原因仅仅是因为新来的一名技术员，处处与他作对，有时甚至是故意抬杠，使得工作非常郁闷，想着息事宁人，也就不愿意去计较这些。然而，事情越来越糟糕，老大哥不想再这样缠斗下去，干脆辞职走人。

得知原因后，李健开始极力挽留：“如果你的身体还吃得消，领导又不舍得放弃你的话，就安安心心在这里干吧。各人干各人的工作，不理会他就行了。如果他非要找你麻烦，以你的资

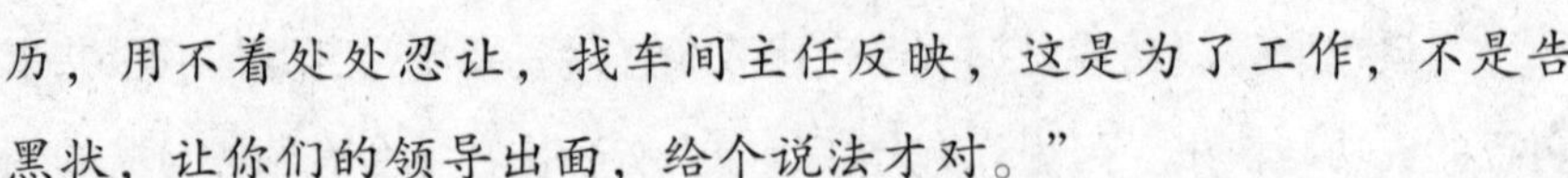

历，用不着处处忍让，找车间主任反映，这是为了工作，不是告黑状，让你们的领导出面，给个说法才对。”

结果老大哥的一席话令李健郁闷了半天，也想了半天。老大哥说：“有什么可说的呢？车间主任不喜欢我们这些员工去他的办公室。他有他自己的事情，领导忙，这点我当然能理解，而且我也不想往他办公室跑，也不想为这点小事情去麻烦领导。再说了，车间里要是有个风吹草动，别人就会以为是我在打小报告。”

在一个团队中，存在矛盾并不可怕，可怕的是激化、扩大矛盾。为了确保整个团队的利益，诱发矛盾的人当然不可避免要被踢出局。

所以，要学会融入团队，真诚面对每个人，就是当别人需要你时总能及时找到你；就是当大家面临困境时，你总有灵活的解决办法；就是你待人热情礼貌周到，尊重别人的隐私；就是你对工作进程非常清楚，大家了解你的想法；就是你对别人总是持一颗感恩之心，你明白什么是合理的，什么是欠妥的。

融入团队，用真诚去面对每个人，用真诚去打动每个人，用真诚成就自己的职业生涯。

蜜蜂小语

蜜蜂，是一个团队观念很深的群体，它们每一个个体都能把自己融入团队，真诚地对待彼此。

把企业的利益放在首位

作为企业的员工，维护企业利益是一个员工必须恪守的基本职业道

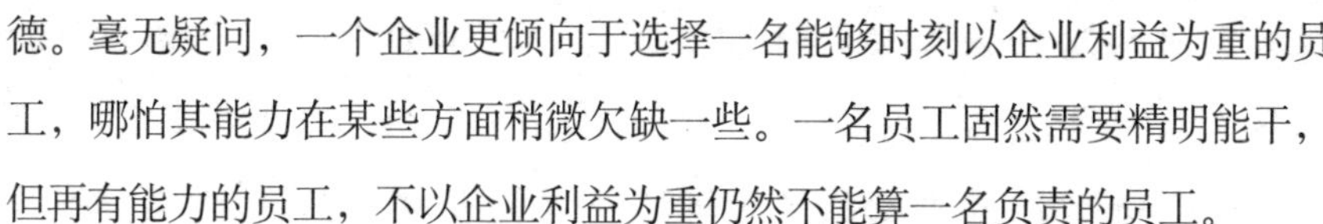

德。毫无疑问，一个企业更倾向于选择一名能够时刻以企业利益为重的员工，哪怕其能力在某些方面稍微欠缺一些。一名员工固然需要精明能干，但再有能力的员工，不以企业利益为重仍然不能算一名负责的员工。

在正常情况下，大多数员工都能够做到以企业的利益为先，但是当企业的利益和个人的利益冲突时，当坚持企业的利益可能给个人带来潜在的损失时，你是否还能够坚持以企业利益为先呢？

对于一名把企业的事当成自己的事的员工来说，时刻以企业利益为先已成为他们的一种高度的自觉，企业利益与他们的责任心已经紧密地联系在了一起。

在企业中我们经常会遇到这样的情况，你本应当站在企业的立场上说出自己的想法和见解，或是你本应该从企业的利益出发来实施某些措施，然而因为你的立场和措施可能会改变企业长期存在的一些习惯，甚至会触犯他人的既得利益，所以你不得不放弃自己的立场，取消措施的实施，甚至可能你就是那个因为不愿意改变现状或不愿意失去现有利益而反对某些好措施得以实施的人。无论是被动的妥协还是主动的干涉，都不是一个负责任的员工应当做的事。

一次，某著名广告公司和市场销售总监韩磊召开了一次经理级的业务会议。会上，他就最近听说的部分职员谎称完成客户拜访计划的现象询问众人："我听说最近有些销售员声称完成了客户拜访计划，事实上却没有，这是不是真的？"

大家都怕得罪同事，影响到今后的关系和利益，虽然知道确实有人这样做，但是没人敢说。有的说没有，有的说这是谣传，有的则低头不说话。

事实上，韩磊根本没有期望会有人真正面对面指出这样的问题。没料到，小王站出来说："的确是有销售员谎称完成了客户拜访计划，并在销售客户拜访表上弄虚作假。销售一部的张昌上

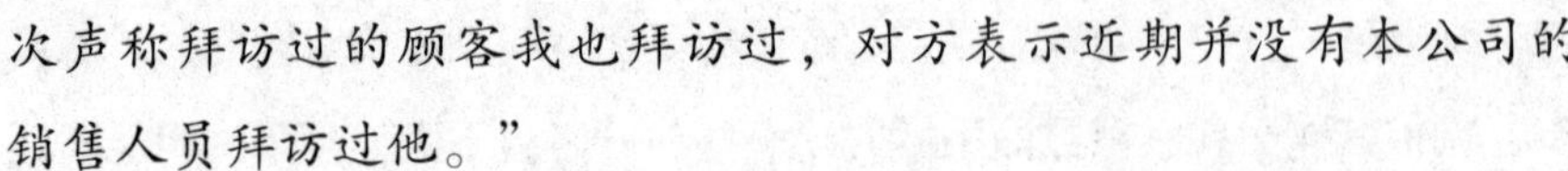

次声称拜访过的顾客我也拜访过，对方表示近期并没有本公司的销售人员拜访过他。”

大家听后都为小王捏了把汗。张昌是销售一部王经理一手提拔的，而王经理怕张昌的失职对自己不利，马上辩解道：“我了解张昌的为人，我想此事只不过是工作记录的失误而已。”

小王还想说些什么，但是韩磊把话题引开了，谈起别的事来。其实，韩磊早已了解了事实，只是不愿把事情弄得复杂，才不再追问下去。但小王的诚实和以公司利益为先的精神却记在了韩磊的脑子里。不久，公司业务发展急需管理人才，韩磊便提拔了他。

以企业利益为重，就要求我们时刻要把企业的利益和发展放在心上，把维护企业的利益当成自己行动的准则。在松下公司还是无名小厂的时候，松下幸之助本人不得不亲自带着产品四处奔波推销。每次松下幸之助总要费尽唇舌，跟对方讨价还价，直到对方让步为止。

作为企业中的一员，每个员工都应当具有“企业兴则我兴，企业衰则我衰”的意识，以一种主人翁的精神来对待自己的企业，对待自己的工作。现实中，绝大多部分人注定是要从一名普通员工做起，先在某个单位立足，从而进一步发展自己的职业生涯。这也就决定了一个职场人要想取得成功，就必须抛弃任何借口与理由，全身心融入一个企业中去，成为其中的一分子，尽心尽责去为企业着想，把企业的目标作为自己的发展目标，一切行动都以保障企业利益为根本目的。

作为员工来讲，无论何时何地都应该以企业利益为重，这也是一个员工最基本的职业操守。一个忠诚尽责的员工，必然是一个懂得顾全大局、以企业利益为重的员工。他们绝不会因个人的私利而去损害企业的整体利益，更不会想方设法去损公肥私，当企业的蛀虫与硕鼠。商场如战场，市场竞争越来越激烈，这同时意味着企业的经营风险也越来越

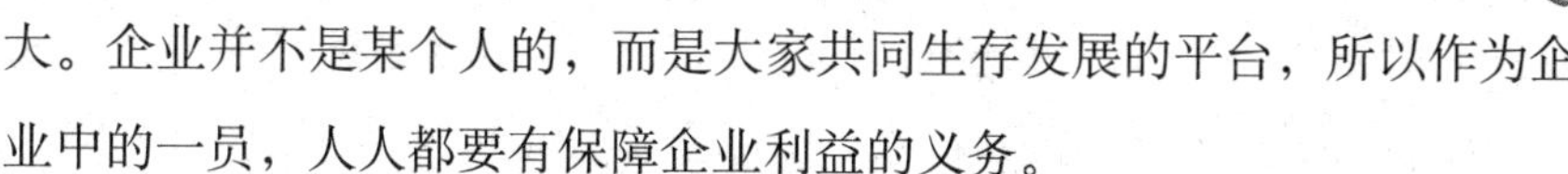

大。企业并不是某个人的，而是大家共同生存发展的平台，所以作为企业中的一员，人人都要有保障企业利益的义务。

说到底，这其实也就是在保障自己的根本利益。那么是不是只要遵守各项规章制度，不违法乱纪，安安分分完成本职工作，就是保障企业利益呢？毫无疑问，这些都是，但还不够。因为做到这些也仅仅是达到一个最基本的要求。

一名优秀的员工，一名真正把企业利益视为自己利益的员工，不会仅满足于此的。他们会为企业的发展献计献策。他们的意见也许不够充分，甚至很可能有些幼稚，但他们的心却是真诚的，而且他们不太会计较自己的职位级别，更不会在意旁人的议论。他们会把为企业谋利，维护并保障企业的利益，当成自己义不容辞的责任与义务。

有一次，买主对松下幸之助的还价劲头钦佩不已，就向他讨教原因。松下幸之助微微一笑，扶了扶自己那副旧式黑框大眼镜，平静地说："每次当我要脱口说'我就便宜卖给你'时，脑际就会突然闪现一幅工厂的景象。那是什么景象呢？那是正值盛夏、酷热蒸人的工厂犹如炽火烤着铁板，整座工厂宛如炙热的地狱一般令人汗如雨下，工厂中辛勤挥汗的从业人员的脸部表情。"就是这么一幅场景，时刻激励着松下幸之助不能懈怠，必须兢兢业业地工作。到了1960年时，松下公司已是日本乃至全球著名的大企业了，松下幸之助仍然保持着时刻关心企业安危的意识。

松下幸之助说过，五十多年来，他每天都是在连续的不安中度过的，虽然时时都处在不安与动摇中。但他却能抑制那不安与动摇的一面，克服它们，完成今天的工作，产生明天的新希望，从此找到生活的意义。松下幸之助内心的不安折射出他对公司兴衰的责任感，正是这种责任感造就了松下公司的辉煌。

以企业利益为重，把企业的事当成自己的事，不仅有益于企业的

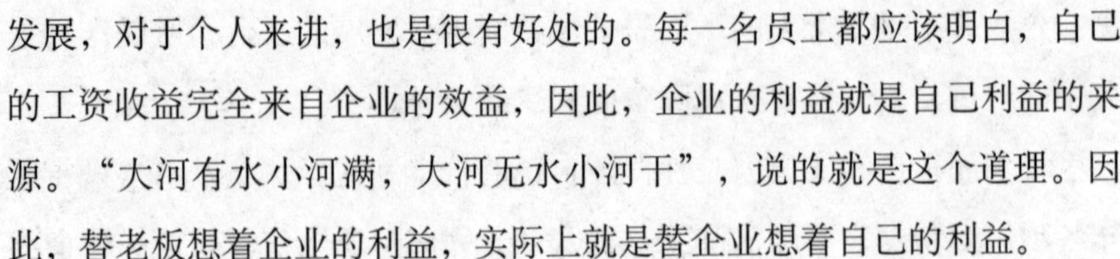

发展，对于个人来讲，也是很有好处的。每一名员工都应该明白，自己的工资收益完全来自企业的效益，因此，企业的利益就是自己利益的来源。“大河有水小河满，大河无水小河干”，说的就是这个道理。因此，替老板想着企业的利益，实际上就是替企业想着自己的利益。

然而，对于一个企业而言，一些不能维护企业利益的员工，是他们最可怕的“噩梦”，特别是那些身居要职，占据高位却又居心叵测的“精明强干”者。这种人一旦渗透到企业核心，参与到企业的经营决策，了解到企业的商业机密，那对企业的威胁可能就是致命的。

某个留洋回来的“海归”，被一家公司高薪聘请为高管。然而，高能力并不代表高素质与高品质。这位海归从应聘起就怀有二心。他想着利用公司的资源打通关节，好为以后个人单飞创造条件。于是在任职期间，他并不是全心全意去打造公司业绩，而是挖空心思去套取公司的各项核心秘密。等到条件成熟时便故意出错，让公司蒙受了一笔不必要的巨大损失。

最后，他便借此理由而引咎辞职。离开公司后，他便利用当初得来的机密，成立了一家自己的公司，与老东家抢夺市场份额。这时，原公司才发现此人的恶劣品质。原公司当然不会就此善罢甘休，于是组织人马，千方百计开始收集证据，最后一纸诉状把他告上了法庭。一时之间，此事在业内闹得沸沸扬扬。最后，法庭判被告败诉并承担一笔巨额赔偿金。

看起来这场官司原告胜了，正义得到了伸张，然而从商业角度来讲，原告其实还是输了，因为公司的核心机密不保，而且还给自己带来了一个强有力的竞争对手。从长远来看，与那笔赔偿金相比，这笔无形的损失更为巨大。

尽管被告也没有讨得太多的便宜，因为经过此事一闹，业内对这位海归的诚信度都有了更高的警觉。与其进行商业合作的条件变得更为

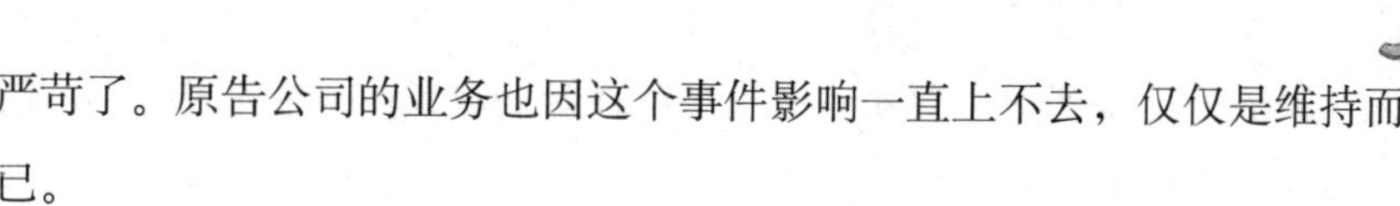

严苛了。原告公司的业务也因这个事件影响一直上不去，仅仅是维持而已。

如果把企业比喻成一条船，那么企业中的每个员工都是船上的一名水手。只有大家各司其职，同心协力，以企业的利益为己任，才能渡过所有的惊涛骇浪，最终到达成功的彼岸。

蜜蜂小语

把企业的利益放在首位，就是把集体的利益放在首位。团队中每个成员都把集体的利益放在最高位置的话，这个团队就会越来越壮大。蜜蜂团队就是一个典型的代表。

互惠互利，共同发展

一个企业和它的员工可以看作一个利益共同体。每一个员工除了是企业利益的创造者之外，也是企业利益的受益者。每一个员工都应该深刻并且清醒地认识到，企业的利益是自己的利益源泉。只有企业的利益好了，自己的利益才有希望。企业一旦没有了利益不仅会倒闭，而且员工的饭碗也成了问题。

每一个员工都有一种义不容辞的责任，那就是在任何时刻都要主动维护企业的利益，积极为企业创造更多的财富，同时主动为企业寻找开源节流的方法，不做任何有损企业利益的事情。这是每个员工的责任，更是一种义务。

企业常常被比作船，老板只是掌舵，而员工则是负责前进的动力。

一旦船沉了，受到损失的除了企业，还有船上的人——企业员工。但倘若船航行得很好，自然船员都是安全的。所以员工和企业，等于是拴在一条绳上的蚂蚱，应该生死与共，同甘共苦。既然如此，聪明一点的员工就会自然地好好去维护企业的利益，因为他们明白如果企业倒闭了，那么自己也就失去了工作，更不要谈什么个人的收入问题了。“锅里有了碗里才会有”，这句话就好比“大河有水小河满，大河无水小河干”这句俗语说明的道理一样，如果大河都干涸了，小河又怎么会有水呢？

思凡是一名电工，他刚到公司的时候，正好赶上配电中心的一个老员工辞了职，而公司又正好引进了一部分新的设备和技术，这给思凡的工作带来了更大的挑战，一方面，自己刚刚到这个公司里来，对许多具体的工作没有接触过，也不知道前人是怎么完成这些工作的；另一方面，新设备和新技术的引进意味着很多工作需要从头开始做，很多东西需要从头学习。如果不能尽快熟悉起工作流程和完成对新设备的布线工作，就极有可能给公司带来巨大损失。时间紧、任务难，为了能尽快适应新的工作环境，思凡每天都加班加点，工作到深夜。他一方面翻阅资料，查看电路布线，另一方面加紧对新设备的学习，在布线的过程中一直仔仔细细，反复核查。经过三个夜晚的熬夜奋战，他终于完成了新设备的布线工作。

领导得知这一消息之后，对思凡的表现大加赞赏。周围的同事们也很佩服他。由于他的努力，使得新设备运转正常，保证了市区的正常供电，没有给公司造成任何损失。思凡说，公司的利益就是自己的利益。只有公司没有蒙受损失，员工们的利益才不会遭受到损失。

优秀的员工总是会以企业的利益为先，他们时刻谨记着企业的利益就是自己的利益，维护好企业的利益就是维护好了自己的利益。思凡就是这样一个例子。有些人认为，企业的利益是大家的，损失一点也没什么关系。可如果每次都这样，长此以往，企业的利益就会蒙受巨大的损失，到头来，员工所得到的利益自然会大打折扣。

大张刚去一家国有机械制造厂的时候，还是一个小工人。但凭借着自己的天分和努力，他很快地就成为班长，手下带领着十多个员工。从普通小工人到车工班班长，大张跟随他的师傅除了学到了精湛的手艺外，也学到了很多做人的道理。现在，身为班长的大张，在新人每次向他请教问题的时候，他都亲自传授自己的经验给对方，他总是把他知道的都教给那些经验不足的员工，从不藏私。

问到为什么这么做的时候，大张显得格外严肃。他说，“从前，当我还是一个小学徒的时候，是我的师傅把他所拥有的经验和技能都传授给了我。他常常教导我，无论身在任何一个企业，只有企业的利益好了，员工们的利益才能增长起来。我一直秉持这样一个观点来对待我的工作和同事们。现在，我有能力帮助到大家，何乐而不为呢？更为关键的是，我深知‘锅里有了，碗里才有’的道理，如果大家都把自己的手艺藏起来，那么企业如何得到发展？企业发展不了，没有获得更多的利益，那么员工的利益就会成问题。只有大家共同努力为企业的利益去奋斗，我们自己的利益才会有所增长。”

没错，无论身在任何企业，只有企业的利益上去了，员工的利益才能上去。因为企业的利益是员工利益的源泉，就像一条大河的源头如果都干涸了，那下游的小河的命运就可想而知了。

大到国家，小到企业，不论你是身为国家公民还是企业员工，都有责任有义务维护好公家的利益，这应该是每一个员工应尽的义务。

玉竹是一家知名家电企业空调生产车间的职工。有一次，她在对当日生产的空调进行产品质量清查时，意外地发现在装空调的箱子里多出了一个螺丝钉。玉竹立刻意识到，很有可能是某台空调少安装了一个螺丝钉。一个螺丝钉事小，但企业的信誉和形象事大啊！企业曾经也发生过类似的事情。当时的一个员工就是因为忽略了这样一个看起来不起眼的螺丝钉，才造成了顾客的空调漏电，差点酿成大祸。玉竹想把那台少安装了螺丝钉的空调找出来，但面对上千台的空调，光凭她一个人的力量是远远不够的。于是她立刻把这件事上报给了车间主任。车间主任在了解情况后，立刻指挥整个车间的所有职工把所有的空调一台台地清查起来，务必要把那个少了螺丝钉的空调给找出来。

经过四个多小时的加班，在车间主任和玉竹的带领下，员工们终于找到了那天少安装了一个螺丝钉的空调。

维护企业的利益说起来容易，但真正要做起来却不那么简单。尤其是当企业利益和个人利益发生激烈碰撞的时候。而玉竹和同事们做的就很好，他们一起利用下班时间及时为公司解决了困难，才没有造成企业的损失。

这样的员工才是一个好的员工，因为这样的员工深刻地明白，“只有锅里有了，碗里才会有”的道理。倘若企业因为这次的螺丝钉而信誉受损，那么到头来吃亏的除了企业，还有像玉竹这样的普通员工。

沃尔玛前总裁山姆沃尔顿曾经说过，沃尔玛最成功的地方在于：让全体员工都明白沃尔玛不是山姆沃尔顿一个人的，它是属于每一个辛勤工作的沃尔玛员工的。

沃尔玛之所以能够成功，是因为沃尔玛的员工们明白了一个道理：企业的利益就是他们的利益，只有企业的利益上去了，员工的利益才有增长的可能。

一个优秀的员工，一定是和企业守望相助的。他懂得从长远利益出

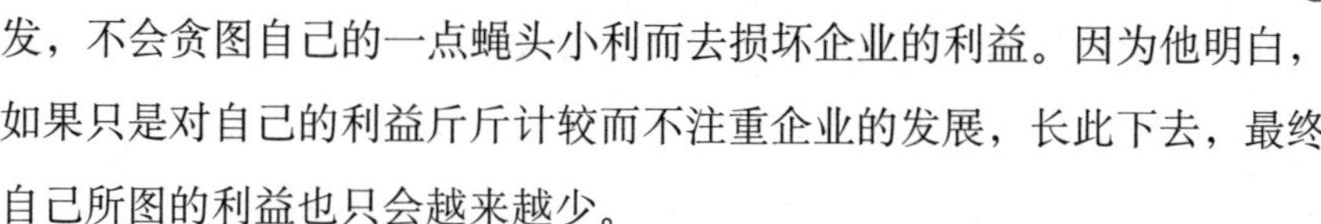

发，不会贪图自己的一点蝇头小利而去损坏企业的利益。因为他明白，如果只是对自己的利益斤斤计较而不注重企业的发展，长此下去，最终自己所图的利益也只会越来越少。

而一个总是对自己的利益斤斤计较的员工，他不会看到维护企业利益所带来的种种机会，更不要说因为企业的发展和进步而让自己所能获得的巨大进步了。在这样的员工眼中，只有他们自己的利益才是最重要的。为了自己的利益而工作，表面上看来目的明确，但很快就会被一点小利蒙蔽了心智，看不清未来的道路，没有一个长远的发展，无法全力以赴地追赶他人，最终也只能碌碌无为。

个人与企业是一个利益的共同体，只有企业效益好了，个人的利益才能会有所提高。因此，只有做到互惠互利，才能使个人与企业共同发展。

蜜蜂小语

只有互惠互利，才能追求共同的发展。蜜蜂们就是不断追求团队协调一致，互惠互利，不断成长，不断发展。

要团队，不要团伙

经常听到一些人说，我们是一个团队，我们的团队如何如何。可要是再继续追问一句，究竟什么才是团队时，许多人又无法准确地说出个所以然来。

通常的答案是，大家协作分工，为了企业的共同目标而奋斗。这种答案其实是经不住推敲的，如果团队仅仅是一群人为了一个明确的目标而分工协作的话，那么一些黑恶势力团伙同样可以称之为团队了。他们

同样有明确的目标，比如说要打劫就不会去偷窃；同样有领导，领头的就是黑老大；同样分工细致，有的负责放风，有的负责实施；同样“纪律严明”，有严厉的帮规家法，谁违反了就要受到严惩等。如此一说的话，团队与团伙似乎就没什么区别了？情况当然不是这样。团队与团伙虽然只是一字之差，含义却是天壤之别。二者看上去都是一帮人在做事，但却是有本质性的区别。区别之一，就是价值观不同。一个团队，它是以整体利益为首位。就像前面提到的海尔集团，他们强调的便是共同价值高于个体价值，而一个团伙是根本不可能做到这一点的。

因为团伙的成员纠集在一起，都是为了最大限度地谋取自己眼下利益。对于团伙成员而言，看得见摸得着的好处才是真的好处，其他的一切免谈。放到职场中，如果一个企业中的员工都是团伙成员的心思，那这个企业的发展就岌岌可危了。所以，企业要坚决杜绝小团伙的出现，积极维护团队的利益。

卡耐基曾经说过：“企业里面的钩心斗角是企业失败的一大因素，优秀的企业要努力避免内耗的出现。只有这样，你的事业才会走得更远。”在企业里最令老板头疼的是员工们结成一个个的小团伙。

一荣俱荣，一损俱损——企业和员工之间的关系是共生的关系，员工切不可为了一己私利而做出伤害团队利益的事情来。企业里面的员工应该坚持团结的合作方式，坚持“和为贵”的相处理念，“和”是宽容主义精神的表现，是理性的体现。和睦的企业人际关系，和谐的企业办公环境，对于员工和企业的生存和发展至关重要。

小小的办公室虽然貌似简单，但要做到一团和气实在是难。无论对老板还是员工来说，办公室的派别之争都是一种挑战。

办公室是一个非常特殊的活动场所，但就是这特殊的充满利益瓜葛的方寸之间决定了你的事业发展，决定了你的仕途晋升，决定了你的工作去向，因为在这方寸之间充满了派别之争，充满了利益之斗。你稍不

留神，就可能卷入可怕的争斗漩涡之中，最后沦为办公室小团伙之争的利益牺牲品。

艾迪·约翰逊是一位会计师事务所的注册会计师。闲暇的时候，艾迪·约翰逊常与其他三位同事去户外游玩，吃午饭、喝咖啡，并且会在办公室里毫无顾忌地聊天。艾迪·约翰逊工作表现非常优秀，但是令他不满的是，他感到自己的晋升总是比别人慢。

有一次，艾迪·约翰逊终于憋足了勇气去找自己的主管谈心。艾迪·约翰逊开门见山地说："杰克，我想找你谈心，我为什么比别的员工升迁得慢呢？我想知道真正的原因。"

狡猾的杰克给艾迪·约翰逊分析了一下，说艾迪·约翰逊站错了队，经常和艾迪·约翰逊在一起的员工莱奥是公司副总的人，老总亚历山大是不可能提拔艾迪的，最后杰克"友善"地劝艾迪，让艾迪脱离莱奥的队伍，希望艾迪加入到自己的队伍中来。

权衡利弊，为了升迁和增加薪水，艾迪选择了和杰克在一起，逐步疏远了莱奥他们。但是好景不长，杰克因为贪污公款东窗事发了，作为经常和杰克走得比较近的人，艾迪也被检察机关羁押，协助调查此事。虽然艾迪最终免于被起诉，但是公司最终还是没有留下艾迪。莱奥升任公司新的业务主管。艾迪·约翰逊成了公司帮派斗争的牺牲品。

企业小团伙在职场上屡见不鲜，依赖裙带关系、排斥异己的小团伙也同样是存在的，很多人对此又恨又怕，艾迪·约翰逊就不幸成为了企业小帮派斗争的"牺牲品"。企业里的许多员工都应该努力避免掺入这些无谓的内耗斗争中，但是，小团伙的存在是客观的，这是不能完全克服的问题，只要有人的地方就有小团伙，因此，在企业中，怎样避免成为小团伙的"创始人"或"参与者"便成为一种学问。

大伟在一家生产工程器械安全防护用品公司任技术部总监一

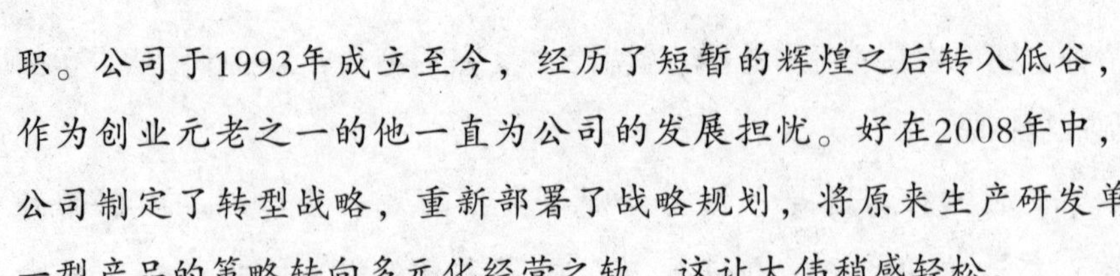

职。公司于1993年成立至今，经历了短暂的辉煌之后转入低谷，作为创业元老之一的他一直为公司的发展担忧。好在2008年中，公司制定了转型战略，重新部署了战略规划，将原来生产研发单一型产品的策略转向多元化经营之轨，这让大伟稍感轻松。

但随之而来的问题是人才匮乏，之前公司的技术人员根本跟不上新的公司战略，由于从事生产研发工程安全防护设施的人才都很专业，即使同类行业也由于技术不同对人才的要求也不一样。为了让公司重现活力，公司于两年前在某专业性大学聘请了三位高级人才，和招聘普通员工不同的是，这三位高级人才刚进入公司便被安排进大伟所在的技术部，直接参与技术研发。经过一年多的磨合，他们在各自岗位上成绩相当不错，这一点让大伟所在公司的人力经理很是得意。

但后来情况急转直下，问题开始逐渐显露出来。这三个人先是凭借手中掌握的技术拉帮结派，居功自傲；继而通过大伟要挟公司，以满足他们的个人欲望。这三个人相当于一个小帮派，其他员工也很难和他们相处，因为手里掌握关键的核心技术，三个人总觉得比别人高一头。

作为三位高级人才的直接领导，大伟感到很恼火。但鉴于这些人掌握着公司的核心技术，也只好忍气吞声，一边在他们之间周旋，一边苦想对策。大伟几乎陷于两难境地：若直接炒掉他们，公司正处在转型期，风险太大；若是任由他们拉帮结派，又会造成人心涣散。

为了让公司走出困境，大伟决定制衡他们。于是，大伟联络公司其他的技术人才组成了另外一个“帮派”。公司出现了“翻天覆地”的变化——两个“帮派”之间内耗不断，经常为了一点小事而争得不可开交，甚至在一次内部会议上，两个“帮派”竟

然大打出手。终于，公司董事会主席杨军先生知道了此事，但是为了能够让公司正常运营，只得将公司一分为二，大伟和另外三个技术高管分管不同的公司。一年之后，由于残酷的市场竞争，两家刚诞生的公司破产了。大伟为当初的决定感到懊悔不已。

作为一名高级管理人员，大伟为一己私怨，结成小帮派、小团伙，最终造成了两败俱伤的局面，这是大伟始料未及的。企业里拉帮结派，目的无外乎有两个：其一是形成自己的派系打击其他的同事，积累更大的力量进行内讧；其二是经营自己的势力，培植自己的死党对抗领导，伺机取而代之。但是这样的“拉帮结派”给企业造成的伤害是最大的。

某家公司高薪聘请了一名市场营销总监。这名总监很能干，上任不久就大量招兵买马，补充“新人”，同时清退以前的那些不得力的老员工。没有人会想到，公司注入的“新鲜血液”大部分都是他在原来公司的老部下。很快，一个极有市场经验的营销“团队”组建完成，公司销售业绩开始有所提升。然而半年后，市场局面刚刚打开，市场营销总监露出了狼子野心，开始有了小动作。先是和他的那些兄弟们串通起来贪公款吃回扣，到后来竟发展到私刻公章，搞假销售。老板发现时却为时已晚。

一怒之下，老板炒了他的鱿鱼，然而其后的结果却是，公司在全国各省市的二十多位销售代表集体辞职，差一点导致整个公司的销售业务瘫痪。

上至大型企事业单位，小到个体经营户，大家都在强调建设强有力的团队。然而现实中，许多企业在建设团队的过程中，不知不觉走入了团伙的误区。有的是任人唯亲，大搞派系，自立山头；有的则只顾自己小圈子，完全不顾大局利益，这些都不是真正的团队。团伙之所以是团伙，就是因为他们只注重眼前，只强调个人的利益，而忽视了整个企业的前景，毫无大局观、整体观。团队不是这样，团队不仅强调个人的工作成果，更强调团队的整体业绩。所以，我们要团队，不要团伙，才能确保集体的利益不受损失。

蜜蜂小语

团队代表大家的利益，而团伙代表少数人的利益。一个企业中的所有员工是一个大的团体，只有共同合作，才能共同快速地发展。对于代表集体利益的团队我们要大力支持，对于代表个别人利益的团伙我们要坚决抵制。这不仅是以人为单位的企业所遵循的原则，还是蜜蜂群体所坚持遵守的。

蜜蜂法则七

效率至上，事半功倍成效高

在激烈的社会竞争形势下，“效率至上”已成为很多企业的最高宗旨，同时也是很多员工一直秉承的宗旨。提高效率就要改变传统的工作方式，创新工作方法，以新的创意高效完成工作。在竞争的社会中如何提高工作效率，是每个员工都要面临的重要人生课题，优秀的员工只有通过提高工作效率，才能在竞争中立于不败之地。

效率低下，要不得

在工作中，常会出现这样的现象：某位员工就某件事情汇报了半天，领导却不得要领，不知其说什么；某位员工就某件事写了一篇文字材料，洋洋数千言，可这件事到底是怎么回事，看了半天也让人不明白。这些都是效率低下的表现。

担任沟通管理顾问公司詹森集团总裁兼执行长官的比尔·詹森，自1992年至今，持续进行一项名为“追求简单”的研究调查，长期观察企业员工的工作模式，探讨造成工作过量、效率低下的原因。最初的调查对象包括了来自460家企业的2500名人士，持续至今已经扩大到1000家企业，人数达到35万人，其中包括了美国银行、花旗银行、默克与迪士尼等知名的大型企业。

之后，詹森分别推出了《简单就是力量》和《简单工作，成就无限》两本书，詹森将“简单”的概念运用到日常的工作实务上。根据他多年的研究调查结果，现代人工作变得复杂而没有效率的最重要原因就是“缺乏焦点”。因为不清楚目标，总是浪费时间重复做同样的事情或是不必要的事情；浪费了太多时间在不重要的信息上，却遗漏了关键的信息；抓不到重点，反复沟通同样的一件事情。

很多管理者都有这样的体会，当初创业时，只有老板（包括合伙人）和被雇用者两个层级，那时候上下级之间的关系非常简单，工作效

能也很高。然而，当发展成为大公司后，关系越来越复杂，管理也越来越困难了。这是什么原因？管理大师彼得·德鲁克告诉我们说：“最好的管理是那种交响乐团式的管理，一个指挥可以管理250个乐手。”他通过调查和研究得出的结论是，对企业而言，管理的层级越少越好，层级之间的关系越简单越高效。

会工作的人，都知道火箭发射的原理：挣脱重力牵制凌空而去。作为卓越企业的高效能人士，必须想尽办法，化繁为简，将影响工作效率的障碍毫不足惜地甩掉，但“简单一些，不是要你把事情推给别人或是逃避责任，而是当你焦点集中、很清楚自己该做哪些事情时，自然就能花更少的力气，得到更好的结果”，詹森在接受记者访问时如此说道。换句话说，目标清楚、掌握重点、做好沟通，是简单工作的不二法门。

世界500强企业之一的宝洁公司，其制度就具有人员精简、结构简单的特点，回应了詹森的简单原则。该公司强烈地厌恶任何超过一页的备忘录，推行简单高效的卓越工作方法。

曾任该公司总裁的爱德华·哈尼斯在谈到这个传统时说：“从意见中择出事实的一页报告，正是宝洁公司作决策的基础。”他通常会在退回一个冗长的备忘录时加上一条命令：“把它简化成我所需要的东西！”如果该备忘录过于复杂，他会加上一句：“我不理解复杂的问题，我只理解简单明了的。”

很多企业都有过这样的经历：为了提高员工的工作效率，专门花重金请来专业的咨询公司，编写出了一套文采飞扬、图文并茂、理论和案例也十分丰富的规定性和执行性文件，但最后这些文件的命运都是殊途同归，往往被束之高阁，在企业的档案室里存储着，落满了灰尘。

将所了解的事情用“一页备忘录”表述出来，并不是一件容易的事。一是需要对事情做深入细致的调查；二是要反复研究所得到的材料，“烂熟在胸”，然后从中找出规律性的、代表性、本质性的东西

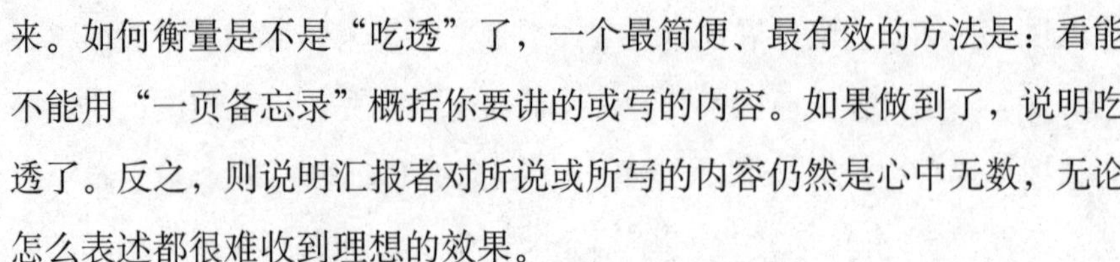

来。如何衡量是不是“吃透”了，一个最简便、最有效的方法是：看能不能用“一页备忘录”概括你要讲的或写的内容。如果做到了，说明吃透了。反之，则说明汇报者对所说或所写的内容仍然是心中无数，无论怎么表述都很难收到理想的效果。

因此，不管你的担子有多么重，也不管你所处的环境是多么的恶劣，你绝对有能力扭转被动局面，会将难事变简单。

高效能人士都深知，马上行动，追求简单，事情越显得容易。反之，任何事都会对你产生威胁，让你感到棘手、头痛，精力与热情也跟着下降，就像必须用双手推动一堵牢固的墙似的，费好大的劲儿才能完成某件事情。化繁为简，会使工作变得可行，信心跟着大增，效率自然也就提上去了。

前面我们提到化繁为简，可以提高工作效率。下面我们可以看看专家对提高工作效率有什么样的看法。

德国效率专家洛塔尔·赛维特认为，提高效率可以从以下三个方面入手：时间管理、任务管理、自我管理。

时间管理能力的高低，决定你事业和生活的成败。时间总是眷顾那些垂青于它的人，古今中外的成功人士都是时间管理的高手。

鲁迅一天必须完成规定的文字；前任惠普总裁卡莉·菲奥莉娜每天早上四点半起床，当别人来到办公室的时候，她已经工作了几个小时；居里夫人连多余的椅子都不肯放置，害怕来客坐下来谈天说地耽误时间；巴尔扎克为了提高工作效率，每天都让自己的“早晨从中午开始”，把自己最有创造力的时间都用在创作上；雨果通过运动使本来枯萎的生命又得到延长，又为人类写出了许多光辉的著作。

实际上，时间管理是一套有章可循的技能体系，只要愿意，你也可以通过学习时间管理来获得时间的青睐，让时间随着你的节奏翩翩起舞。

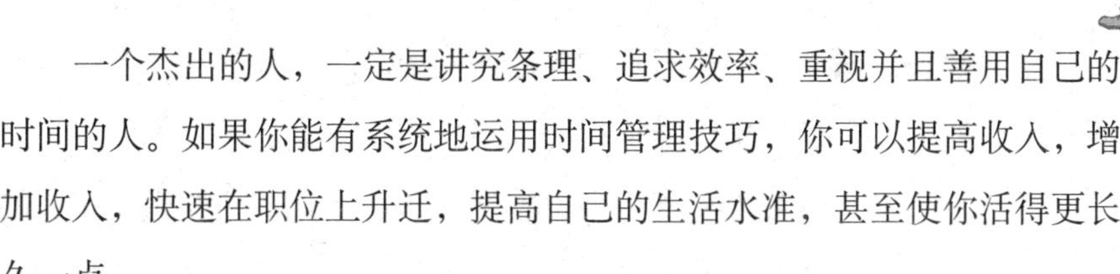

一个杰出的人，一定是讲究条理、追求效率、重视并且善用自己的时间的人。如果你能有系统地运用时间管理技巧，你可以提高收入，增加收入，快速在职位上升迁，提高自己的生活水准，甚至使你活得更长久一点。

任务管理是一门技巧，也是提高效率的第二条途径。

每个人每天都有大量的事情需要处理，但并非所有的任务都会给我们带来同等的回报，在管理自己任务的时候，你也要让自己变成“势利眼”，学会“嫌贫爱富”。

美国前总统克林顿在自传中写道：“我每天都想着只做那些对自己真正重要的事情，而且要随时防备那些次等的工作偷走我的时间。”

艾森豪威尔将军在担任哥伦比亚大学校长之后把许多工作都推给了副校长。

美国时间管理专家阿兰拉金建议每个人都在办公桌旁边准备个垃圾桶，“把那些不重要的工作统统扔进垃圾桶”。

然而，任务管理并不是要推卸工作，事实上，当一个人真正懂得统筹安排工作的时候，他的工作会带来更高的效果，他才会有更多时间来处理更多真正重要的工作。

在很多情况下，造成我们效率低下的罪魁祸首其实正是我们自己。

一个人的习惯会在很大程度上影响一个人的成就。有人说，“要想知道一个人会有怎样的成就，只要看看他的办公桌就知道了。”仔细观察一下，自己会不会随手乱放文件，需要时又会花上好长时间四处乱翻？会不会在忙碌之后突然发现自己忘掉了一件真正重要的工作？而又会不会在匆忙应付完一件工作之后发现自己不得不用更多的时间来补救失误？

事实证明，真正的高效率人士都是非常善于进行自我管理的。李嘉诚告诫自己凡事做出决定都不要超过24小时。

诺基亚公司对新员工进行培训时就明确要求受训者学会把用过的东西放回原处，理由是不想让员工把时间用在找东西上。

杰克·韦尔奇习惯于使用便条，他要求所有子公司“要么在自己的行业中做到第一，要么做到第二，要么退出”的想法就是在一次参加宴会时随手在一张餐巾纸上写下来的。

前哈佛大学校长陆登庭习惯于每天从任务清单中剔除一两条。

归根结底，无论是时间管理还是任务管理，最终都要靠人的自我调整。

时间管理的诀窍是自我操练，可以说时间管理就是不断要求自己操练并采取行动，因此自我操练才是提高效率、迈向成功的关键。

在工作中，如果你要想取得好的业绩，效率低下要不得。学会掌握提高效率的方法是提高效率的不二法门，因此，在工作中我们要多总结，多尝试，效率自然就提高了。

蜜蜂小语

今天是一个效率至上的社会，效率低下，是万万要不得的。蜜蜂就是一个高效率的团队，效率为上，高效工作是它们一直所追求的。

提高效率，成就卓越

对每一个员工而言，时间都是公平的。它并不会多给任何人一分一秒。时间的利用是需要技巧的，有些人用同样时间做了比别人更多的事。这些人有掌握时间的窍门，这种窍门是我们可以获得的，它可能成

为高效率工作人士最有价值的工作方法。

查尔斯——一个曾经把布斯霄汉姆钢铁公司经营成世界上最大的独立钢铁生产公司的英雄——向一名管理顾问提出了一个挑衅性的问题：“请告诉我怎样才能用同样的时间干更多的事情，如果你讲得有道理，你要多少钱都行。”

管理顾问递给他一本空白便笺说：“每天晚上写出明天你要干的事，然后按它们的重要性编码，早晨就开始干第一件事，直到完成。接着开始干第二件、第三件……如果你没能完成所有的项目，那就要查找原因，改进方法。如果这种方法不灵，别的办法也白费。”不久，查尔斯给管理顾问寄了一张25000美元的支票。

后来查尔斯说那是他有生以来最有益的一堂课。

在日常工作中导致时间浪费的原因很多，但只要能够遵循管理时间的原则，便能让时间产生巨大的效益。

效率专家特德·特纳在接受电台记者采访时，告诉对方说自己很忙，仅能给他5分钟时间。对方尽可能快地提出自己的看法，但是5分钟飞快地过去了。当电台记者想继续说下去时，特纳打断了他的话：“你的5分钟完了。”

当然，我们很多人并不能做到像特纳那样直接给来访者一个提示，控制自己的日程，但我们可以用微妙的暗示，诸如向前挪动椅子、把纸张摞在一起或者用一个长的停顿提示时间已过去了。

美国出版商的代理人谢德女士十分注重效率，在她的皮包里放着一个设定10分钟的计时器，当铃响时，她就宣布需要赴另一个约会。如果她想继续谈话，就简单地关掉计时器。

将一半时间用于思索，一半时间用于行动，无疑是优秀员工的成功之道。不善于思考的人，就不能举一反三，触类旁通，享受创新的乐趣。赢得一切、拥抱成功的关键，则在于你能否积极、持续、科学地思

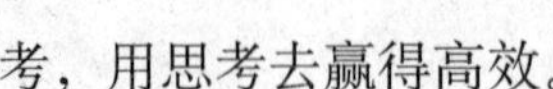

考，用思考去赢得高效。

有个小村庄，村里缺少水源，为了解决这个问题，村里的人决定对外签订一份送水合同，以便每天都能有人把水送到村子里。村里的长者把这份合同同时给了两个愿意接受这份工作的人。

得到合同的两个人中的一个人叫立威，他立刻行动了起来。每日奔波于一里外的湖泊和村庄之间，用他的两只桶从湖中打水并运回村子，他把打来的水倒在由村民们修建的一个结实的大蓄水池中。每天早晨他都比其他村民起得早，以便当村民需要用水时，蓄水池中已有足够的水供他们使用。由于起早贪黑地工作，立威很快就开始挣钱了。尽管这是一项相当艰苦的工作，但是立威很高兴，因为他能不断地挣钱，他对这份工作感到满意。另外一个获得合同的人叫强子。自从签订合同后强子就消失了，几个月来，人们一直没有看见过强子。这点令立威兴奋不已，由于没人与他竞争，他挣到了所有的水钱。

强子很有头脑，他做了一份详细的商业计划书，并凭借这份计划书找到了几个投资者，一起开了一家公司。六个月后，强子带着一个施工队和一笔投资回到了村庄。花了整整一年的时间，强子带着施工队修建了一条从湖泊通往村庄的大容量的地下管道。

每当你要做出工作决策时，这个故事或许能给你以启发，所以我们应时常问自己："我究竟是在修管道还是在运水？""我是在拼命地工作还是在聪明地工作？"

许多人确实试图延长他们的工作时间，以完成更多的工作，却没有用。工作需要弹性，它就像是一种气体，会自动膨胀，并填满多余的空间。

时间管理专家并不鼓励你为解决时间问题而延长工作时间。如果一个计划到下班时还没写完，也许你会自然地想到晚上继续加班，你把晚上当作了白天的延伸，不仅影响家庭和社会生活，它还降低工作效率，你成了整个事件中唯一的受害者。

科学家牛顿说过：“无头绪地、盲目地工作，往往效率很低。正确地组织安排自己的活动，首先就意味着准确地计算和支配时间。”然而，很多人却充当着“消防员”的角色，自觉或不自觉地把大部分时间用于处理急事，他们每天都在处理危机、四处救火。每天下来，他们总是身心疲惫不堪，但收效却不大。

时间是公平的，每个员工一天的时间都是24小时。但是，有些人用同样的时间做了比别人更多的事，这些人显然更有掌握时间的窍门。这种窍门是我们可以获得的，它可能成为高效率人士最有价值的工作方法。

玫琳凯创办玫琳凯化妆品公司初期，听到一则有关“如何提高工作效率”的故事，这个故事对她后来事业成功起了重要的推动作用，故事的精义是“每天写下六件最重要的事，然后按顺序执行”。玫琳凯心想，如果这个方法对别人而言值2.52万元，对我也会有同样的价值。因此，她开始在每天下班前也写下明天要做的六件重要的事情，而且也鼓励业务员这么做。

今天的玫琳凯化妆品公司拥有十多万名业务员，她为他们印制了上百万份的粉红色的小便条本，每一张便条纸上写的都是：“我明天必须做的六件重要事情。”

玫琳凯说：“我在这些年的工作中收集了一些自己安排时间的最佳技巧。每天留出一段不受干扰的时间来做计划，坚持不懈的确有点困难，不过拿出20分钟不受干扰的时间来做计划，效果与90分钟总被打扰的时间相同。如果你挤不出20分钟的时间，留出10分钟也可以。你对时间的投资会有丰厚的回报的。”

“学会集中处理，把事情放在一起做，把所有的语音邮件都

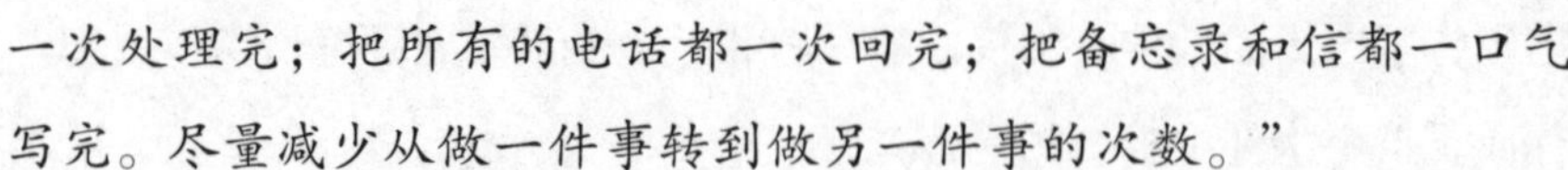

一次处理完；把所有的电话都一次回完；把备忘录和信都一口气写完。尽量减少从做一件事转到做另一件事的次数。”

“检查放入文件柜中的每份报告。真的有必要看这份报告吗？如果没必要，扔到一边去。”

“对回复电子邮件进行控制。把回复邮件放进时间表中，这样电子邮件就不会干扰我的时间了。”

“清理办公桌，混乱不堪的办公桌会让人觉得你没有条理——你不得不在桌上翻来翻去地找东西。”

“制订可操作性强的工作计划表，既要尽可能注重成本效益，也要尽可能将精力集中，把每项可能的工作推向前进。”

从某种意义上可以说效率胜于完美，时间决定成败。完美主义的人常因过度在意无法达到百分之百，而使得不完美的部分反而越来越多。在这个变化迅速的时代里，你必须学会高效工作，才能赢得胜利，成就卓越。

蜜蜂小语

工作效率提高了，才能不断提高工作业绩，进而成就卓越事业。蜜蜂们就是不断提高自己的工作效率，从而使自己的工作不断朝着更高的方向发展。

抓住关键，提高效率

“大多数人无法达到高效率，就是因为他们把太多的精力花在次要

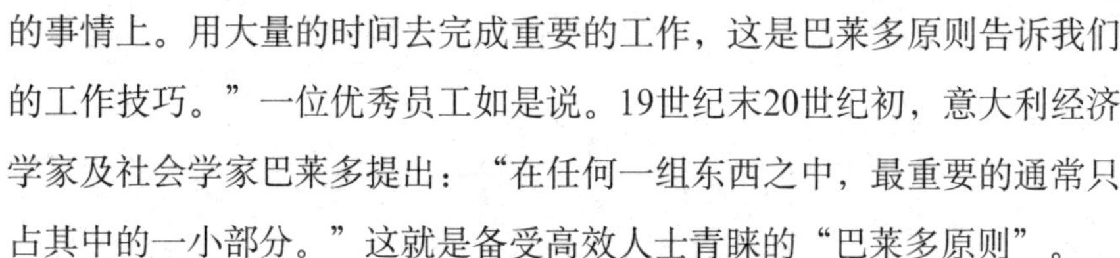

的事情上。用大量的时间去完成重要的工作，这是巴莱多原则告诉我们的工作技巧。”一位优秀员工如是说。19世纪末20世纪初，意大利经济学家及社会学家巴莱多提出：“在任何一组东西之中，最重要的通常只占其中的一小部分。”这就是备受高效人士青睐的“巴莱多原则”。

根据巴莱多原则，在一家企业，通常是20%高绩效的人完成80%的工作。你也许会感到很惊讶，但这却是事实。比如在销售部，通常是20%的人带来80%的订单；在开会时，20%的人通常会提出80%的建议。也正因此，所有的优秀员工一致认为：高效率的技巧源自于将80%的精力放在最重要的任务上。

做事高效率的人都具有独特的眼光，他们善于抓住事情的关键点。从而找到解决问题的方法。因为找到了事情的关键点，就找到了解决问题的钥匙，所有难题也就迎刃而解了。

有一天，动物管理员发现袋鼠居然从围墙里跑了出来，于是开会讨论解决问题的办法。最后，大家一致认为是因为围墙的高度过低，对于袋鼠来讲，跳出去简直轻而易举，于是他们决定将围墙的高度由原来的8米加高到10米。结果第二天他们发现袋鼠还是跑到了外面，他们商量的结果是：将高度加到20米。

管理员们以为这下袋鼠不可能跑出来了。就在他们加班加点把围墙加高后的第二天，他们居然发现袋鼠全部跑了出来，动物管理员们大为紧张，于是一不做，二不休，将围墙加到了30米。

一只长颈鹿和袋鼠们闲聊。“你们看，这些人会不会再继续加高你们的围墙？”长颈鹿问。

“很难说，”袋鼠说，“如果他们总是忘记关门的话。”

在这个寓言故事里，动物管理员们就是没有抓到问题的关键，虽然他们一再地增高围墙，但如果总是忘记关门的话，增加围墙高度又有什么用呢？这就像我们办事一样，如果忽略了事情的关键点，在外围做了再多的努力，一样也是徒劳无功的。办事找到关键点才能事半功倍。

在第二次世界大战中，美国曾经宣称：一名优秀数学家的作用可以超过10个师的兵力。你可知道这句话的由来吗？

1943年以前，大西洋上英美运输船队经常受到德国潜艇的袭击。当时，英美两军限于实力，无力增派更多的护航舰，这使得德军气焰更加嚣张，袭击更加猛烈，而英美只能望洋兴叹，无力扭转这种局面。因此，当时德军的潜艇战使英美盟军焦头烂额。英美盟军不得不重新思考别的办法，以便与德军对抗。

为此，有位美国海军将领专门去请教了几位数学家。数学家们运用概率论展开了详细的分析和思考。最后终于发现，舰队与敌人潜艇相遇是一个随机事件，从数学角度来看这一问题，它具有一定的规律。一定数量的船，编队规模越小，编次就越多；编次越多，与敌人相遇的概率就会越大，这样就很不利于英美盟军的运输。

这就说明了一个最为关键的问题：要尽量减少编次，来避免德军的袭击，以此降低英美运输船只的损失。

英美海军当时也没有更好的办法，只得接受了数学家的这种建议，命令舰队在指定的海域内集合，再集体通过危险的海域，不能分头行驶，然后再各自驶向预定的港口。结果奇迹出现了：英美盟军舰队在经过最危险的区域时，遭受德军袭击后被击沉的概率竟由原来的25%降低为1%，大大减少了损失，保证了物资的及时供应。正是这一批批物资的及时到来，大大增强了英美盟军的作战能力，使战争的局势很快由被动转为主动，取得了最后的胜利。也正因此，这些数学家受到了美国军方的高度赞扬。

数学家本不懂军事，却能够解决这个复杂的军事问题，就是因为他

们用独特的眼光找到了问题的关键点。因此要提高办事的效率，仅仅靠双手的努力是不够的，还应该有睿智的头脑，能够抓住问题的关键。

做事效率低的人在处理日常生活的方方面面时，往往分不清哪个更重要，哪个更重要；哪个是关键点，哪个是次要的。他们认为每个任务都是重要的，只要把时间忙忙碌碌地打发掉，就会解决所有的问题。事实上，每一个问题都有它最为关键、最为重要的内容，如果能够抓住问题的关键点，就会比只是忙忙碌碌地埋头苦干有效得多。

要提高我们的做事效率，就要在做一件事情之前，先根据我们已有的认识、经验和条件做出一系列的判断。也就是说，我们要找到解决这件事情的关键点及主要矛盾的主要方面是什么。如果我们不能凭借个人的力量去找到关键的问题，就可以请教专家或朋友帮忙，而不能在没有找到问题关键点的时候盲目地苦干。

所以，我们做每一件事情都要找到它的关键点，也就是说找到了主要矛盾，在此基础上找出主要矛盾的主要方面，想方设法将其解决。

比尔是纽约某油漆公司的销售员，在工作的第一个月，比尔仅挣了1000美元。比尔很气恼："为什么别人都能赚那么多，而我却赚这么少？"分析销售图表后，比尔发现他80%的买卖源自20%的客户，但是他却对所有的客户花费了同样的时间。比尔恍然大悟，拍着脑袋直喊"笨"。第二个月的工作开始后，比尔把他手中最不活跃的36个客户搁到最后，把80%的精力集中到最有希望的20%的客户身上，到第二个月月底，比尔赚到的钱是第一个月的10倍。

因此，当你面临很多的工作，不知如何着手时；当你耗尽全身的精力，工作效率仍然提不上去时；当你为花了太多的精力做没多大意义的事而懊悔不已时，那么，就应该及时审视一下自身，看看自己是否抓住了工作的关键点，只有抓住关键的人才能高效率地运用有限的精力，有

效地提高工作效率。

建立起优先顺序，然后坚守这个顺序，工作起来才会事半功倍。优秀员工都是以分清工作主次来统筹安排精力和时间的，把有限的精力和时间用在最具有“生产力”的地方。在优秀员工的工作日程表上，他们通常会根据轻重缓急的程度，将日常工作分为四大类。

第一类：急迫而又重要的工作，非尽快完成不可，如危机紧迫的问题、限期逼近的工作等。

第二类：重要但不紧急的工作。这类工作虽然没有设定期限，但早点完成可以减轻工作负担。如建立关系制订工作的长远计划，给自己“充电”等。

第三类：不重要但却紧急的工作。如临时插入的电话、报告等。

第四类：既不紧急也不重要的工作。如琐碎而忙碌的工作，某些电话、邮件等。

将工作分门别类后，把主要精力用在处理第一类工作，而用剩余的精力去处理第二、第三、第四类的工作。

根据任务的重要性和紧迫性，你还要必须学会聚精会神、全身心投入解决的做事方式。一个员工如果只知道工作的轻重缓急，但在处理最重要的工作时却缺乏集中注意力的能力，就如同一个人知道该做什么，却总是一事无成一样。

对任何员工来说，假如你不能把精力放在最重要的任务上，注意力分散的话，那对于任务的完成没有任何好处，只会浪费你的宝贵精力。所以说，注意力的分散是一个人高效率工作的头号敌人。要想成为高效率工作者，你必须专注于重要的事务。

蜜蜂小语

工作要分清轻重缓急，抓住工作重点，进而提高工作效率。抓住工作的关键点是每一个高效率工作人士都需掌握的。蜜蜂是一个高效团队，它们自然也知道这点了。

不找借口，找方法

一个优秀的员工，在工作前头脑中只有“想尽一切办法”。工作后头脑中只有“这是我的责任”或“这是我的错”。杰出的员工富有开拓和创新精神，他绝不会在没有努力的情况下就事先找好借口。他会想尽一切办法完成企业交给的任务。条件再困难，他们也会创造条件；希望再渺茫，也能找出方法去解决。优秀的员工不管被派到哪里，都不会无功而返。很多日本商界精英都不给自己寻找借口，而是找方法，这才造就了今天日货遍天下的局面。索尼的卯木肇就是这样一位精英。

20世纪70年代中期，日本的索尼彩电在日本已经很有名气了，但是在美国它却不被顾客所接受，因而索尼在美国市场的销售相当惨淡，但索尼公司没有放弃美国市场。后来，卯木肇担任了索尼国际部部长。上任不久，他被派往芝加哥。当卯木肇风尘仆仆地来到芝加哥时，却发现索尼彩电竟然在当地的寄卖商店里蒙满了灰尘，无人问津。如何才能改变这种状况呢？卯木肇陷入了沉思……

一天，卯木肇驾车去郊外散心，在归来的路上，他注意到一

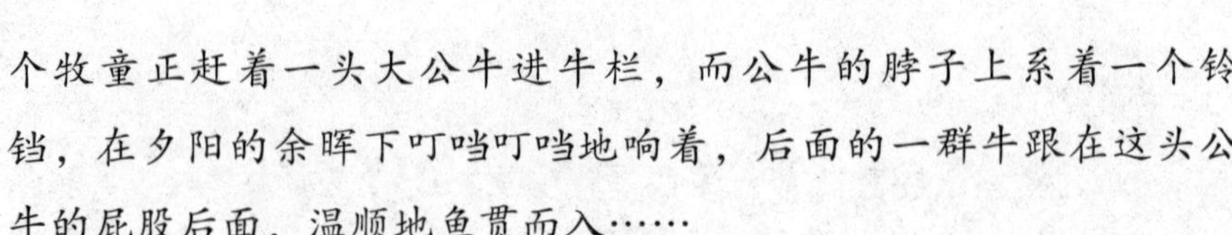

个牧童正赶着一头大公牛进牛栏，而公牛的脖子上系着一个铃铛，在夕阳的余晖下叮当叮当地响着，后面的一群牛跟在这头公牛的屁股后面，温顺地鱼贯而入……

此情此景令卯木肇一下子茅塞顿开，他想到了一个好办法，索尼要是能在芝加哥找到这样一头“带头牛”商店来率先销售，岂不是很快就能打开局面？卯木肇为自己找到了打开美国市场的钥匙而兴奋不已。卯木肇最先想到了芝加哥市最大的电器零售公司马歇尔公司。为了尽快见到马歇尔公司的总经理，卯木肇第二天很早就去求见，但他递进去的名片却被退了回来，原因是经理不在。第三天，他特意选了一个估计经理比较闲的时间去求见，但回答却是“外出了”。他第三次登门，经理被他的诚心所感动，终于接见了他，但却拒绝销售索尼的产品。经理认为索尼的产品经常降价拍卖，形象太差。卯木肇非常恭敬地听着经理的意见，并一再地表示要立即着手改善商品形象。

回去后，卯木肇立即从寄卖店取回货品，取消了降价销售，在当地报纸上重新刊登大面积的广告，重塑索尼形象。当卯木肇再次叩响了马歇尔公司总经理的门时，听到的却是索尼的售后服务太差，所以无法销售。卯木肇立即成立索尼特约维修部，全面负责产品的售后服务工作，同时重新刊登广告，并附上特约维修部的电话和地址，注明24小时为顾客服务。屡遭拒绝，卯木肇还是痴心不改。他规定他的每个员工每天要拨五次电话，向马歇尔公司询购索尼彩电。

马歇尔公司被接二连三的电话搞得晕头转向，以致员工误将索尼彩电列入“待交货名单”。这令经理大为恼火，这一次他主动召见了卯木肇，一见面就大骂卯木肇扰乱了公司的正常工作秩序。卯木肇笑逐颜开，等经理发完火之后，他才对经理说：“我

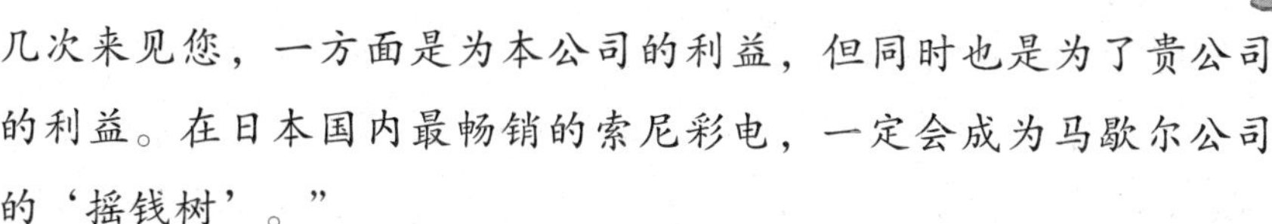

几次来见您，一方面是为本公司的利益，但同时也是为了贵公司的利益。在日本国内最畅销的索尼彩电，一定会成为马歇尔公司的‘摇钱树’。”

在卯木肇的说服下，经理终于同意试销两台，不过条件是：如果一周之内卖不出去，立刻搬走。为了开个好头，卯木肇亲自挑选了两名得力干将，把百万美元订货的重任交给了他们，并要求他们破釜沉舟，如果一周之内这两台彩电卖不出去，就不要再返回公司了……两人果然不负众望，当天下午4点钟，两人就送来了好消息，马歇尔公司又追加了两台。至此，索尼彩电终于挤进了芝加哥“带头牛”商店。

随后，进入家电的销售旺季，短短一个月内，马歇尔公司竟卖出100多台，索尼和马歇尔从中获得了双赢。有了马歇尔这只“带头牛”开路，芝加哥的100多家商店纷纷将索尼彩电摆上柜台，不出三年，索尼彩电在芝加哥的市场占有率达到了30%。

卯木肇的成功经历印证了这样的一个事实：企业当中任何一位追求卓越的员工都是富有开拓和创新精神的人，他绝不会在没有努力的情况下就先找好借口，他会想尽一切办法完成企业交给的任务。方法提高工作效率，而借口只会减慢我们的工作效率，进而影响我们的事业发展。

李勇是一家公司的业务员，公司产品不错，销路也不错，但公司最大的问题是如何讨账。因为产品销出去后，总是无法及时收到回款。

一位客户买了公司10万元产品，但总是以各种理由迟迟不肯付款，公司派了几批人去讨账，都没有拿到货款。当时李勇刚到公司上班不久，就和另外一位员工孙畅一起被派去讨账。他们软磨硬泡，想尽了办法，最后客户才同意给钱，叫他们过两天来拿。

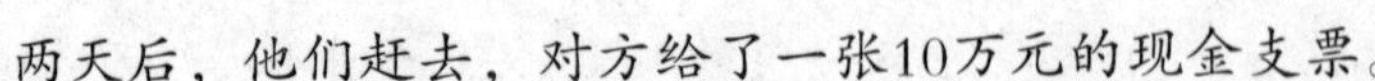

两天后，他们赶去，对方给了一张10万元的现金支票。

他们高高兴兴地拿着支票到银行取钱，结果却被告知，账上只有99820元。很明显，对方又耍了个花招，他们给的是一张无法兑现的支票。第二天公司就要放假了，如果不及时拿到钱，不知又要拖延多久。遇到这种情况，一般人可能一筹莫展了，但是李勇突然灵机一动，拿出200元钱让银行存到客户公司的账户里去。这样一来，账户里就有了10万元，李勇立即将支票兑现。

当李勇带着这10万元回到公司里，董事长对他大加赞赏。之后公司不断发展，几年之后李勇当上了公司的副总经理，如今他已经是这家公司的总经理了。

李勇能有今天的发展，与他凡事能够主动想办法密切相关。

在工作当中，失败的人之所以陷入失败，是因为他们太善于找出各种借口来原谅自己，也尽力求得别人的原谅。平庸的人之所以平庸，是因为他们太善于搬出种种理由来欺骗自己，也使别人受骗。最终受害的只能是自己。

大宇应当在上午10点之前完成一份重要的报表，以便能让部门经理有足够的时间熟悉这份材料，并以此为依据在明天的公司部门经理例会上发言。可是直到下午2点，大宇才拿着报表敲响了经理办公室的门。“怎么搞的，到现在才把报表拿过来！”经理满脸的不高兴。大宇两手一摊，一副无可奈何的表情：“我原本也想早点做完，可资料部门的那帮人直到上午10点才把处理好的数据交给我。”迫不得已，经理只好争分夺秒地弥补时间上的损失，花了大半夜的时间熟悉材料，才使得第二天的会议没出什么大差错。大宇一个借口不仅把自己的责任推得一干二净，还给别人带来了许多不必要的麻烦。

经理对此很不满，不久之后就把做事爱找借口的大宇给辞

掉了。

找借口就是逃避现实，逃避自己因为胆怯不敢面对的现实。问题解决的前提就是正视问题。如果遇到问题首先想到的不是如何面对，而是如何回避，我们怎么能够指望企业上下能够正确地处理问题呢？一个优秀员工正是在遭遇问题这个过程中积累经验和学识，迎难而上，才能使问题得到圆满的解决。

找借口的人，是不会主动想办法解决问题的，哪怕有现成的办法摆在他面前，他也难以接受，总是找借口的人自然提高不了工作效率，工作成效也就一目了然了。

蜜蜂小语

工作找借口，永远不会有好业绩。工作要找方法，这个过程是不断思考、不断创造的过程。找方法，就能推陈出新，提高效率，创造成功。不找借口，找方法，也是蜜蜂们工作的原则，它们用这个原则，不断成就出色业绩。

提高效率就是节约成本

在职场中，节约是一种竞争力，是一个人成功的重要保障之一。那么如何才能把握节约这一成功的关键呢？节约，除了爱企如家，站在企业的角度着想，杜绝浪费之外，最重要的一点，就是做到爱岗敬业，想办法完善自己的工作，改进工作方法，提高工作效率。提高效率就是节约成本，就是为企业增加效益。

同样一件事，有的人可能会花上全部的精力还做不到位，而有的人却可以轻而易举地搞定。有的人之所以效率低，很大一部分原因是分不清工作的轻重缓急，把主要的精力与时间，花在那些无关痛痒的细枝末节上，而对于真正需要他们大量投入精力与心思的问题，他们却付出很少。相反，高效人士知道，“正确做事，更要做正确的事”。他们会去拒绝或者是转移那些“高投入低产出”的事情，集中精力去处理好那些关键的，能对结果产生重大影响的事件。提高效率，关键在于对时间的有效利用上。

同样的工作时间，同样的工作量，效率高的员工很快能完成，效率低的则总是慢半拍。要想成就自己的职业生涯，那么行之有效的方法就是有效地管理并利用好自己的时间，培养根据轻重缓急来安排事情的工作习惯。

一名高效的优秀员工，首先是杜绝浪费时间，其次就是最大限度地来利用时间。通常来讲，高效员工在管理时间上会做到以下三点。首先，充分利用“闲暇”时间，变“空闲”为“不闲”，利用零星的时间来处理一些可以处理的工作。

某跨国企业一位女顾问，她的绝大部分时间都是在飞机上度过的，是个标准的“女飞人”。飞机上其他人或打盹或读书看报，她却在拼命给世界各地的客户发电子邮件。一次，下飞机时一位旅客当面夸赞她说：“两个多小时，我看到你一直在写邮件。你这样敬业，一定会得到领导重用的。”“女飞人”笑了：“我已经是一家咨询公司的副总了。”

鲁迅先生曾说过，时间是海绵里的水，挤一挤总会有的。类似于“女飞人”这样的高效人士，通常也都是“挤海绵”的高手，他们也更清楚时间的意义。

其次，凡事都分轻重缓急，要能够找对方法做对事。高效员工的另

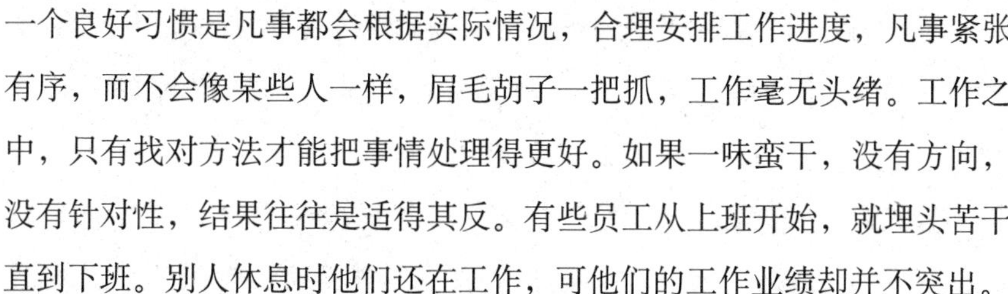

一个良好习惯是凡事都会根据实际情况，合理安排工作进度，凡事紧张有序，而不会像某些人一样，眉毛胡子一把抓，工作毫无头绪。工作之中，只有找对方法才能把事情处理得更好。如果一味蛮干，没有方向，没有针对性，结果往往是适得其反。有些员工从上班开始，就埋头苦干直到下班。别人休息时他们还在工作，可他们的工作业绩却并不突出。

从工作态度上来讲，他们绝对是敬业的，但从工作实效上来看，他们却是不合格的。因为他们不懂得思考，不知道去寻找解决问题的捷径。一个不懂得用脑子去思考做事的员工，就会走许多弯路。有位职场专家花了近十年的时间，来研究那些职场成功人士的共性，结果发现这些职场红人，并不拥有较常人更高的智商、更强的交际沟通能力或者是更为突出的领导管理能力。他们的成功靠的就是极高的办事效率，善于找到问题的最佳解决办法的能力。他们知道如何充分运用自身已有的一切资源，去快速地解决问题，从而找对方法做对事。

最后，就是工作有计划。凡事预则立，提高效率的关键步骤就是事先有计划。

高效员工通常都会有自己的工作安排进度表，能真正做到掌握时间，在限期内出色完成上级交付的任务。工作之前拟定一个计划，也许需要花上十几分钟的时间，但这十几分钟却会节省出一个小时的时间。职场上，谁善于利用时间，谁的时间就会成为“超值时间”。机会属于效率高的员工，工作效率高，成功的成本就低，成功的效益就会更大。

工作中，只要我们发挥主观能动性，勤动手、勤动脑，工作效率自然就会提高，就能在职场中找到属于自己的最佳坐标。企业的每一个员工都是整个企业价值链中的一环。每个员工要做到爱岗敬业，就是要确保自己所在的环节不掉链子，而且懂得能干加巧干。只有这样，才能保证高效率，真正为企业节约成本，创造效益。

伟奇与明帆几乎同时进的公司，而且分在同一部门，做着几乎同样的事情，领着同样的薪水。然而试用转正之后，仅过了半年伟奇就从普通的一名职员升到了部门主管，而明帆却依然在原地踏步。

明帆私下很不服气，于是去找部门经理理论：自己跟伟奇一样为公司辛苦出力，却同工不同酬，这不公平。经理听了明帆的抱怨后，立即派人把伟奇找去，然后让他们分别下到市场，对相关产品的种类做一次详细调查。明帆很快就回来了，报告了经理要求的数量，经理接着问产品的生产厂家、特征、与本公司产品的性价比优劣等问题时，明帆愣住了，又以最快速度返回市场进行资料收集。

明帆返回时，发现伟奇正在经理办公室等着他。经理让伟奇汇报一下调查结果。伟奇便把自己调查后的数据资料详细进行了报告，其中除了经理当初要求的产品数量统计，还包括经理没有提到的产品性价比、厂家、产品特点、市场报价等各个方面，最后根据这些第一手资料，伟奇建议本公司的产品应该适当作价格调整，以适应眼下的市场需要。经理没说话，看了看明帆。明帆在旁边听得面红耳赤，心中却已彻底服气。

明帆第二次返回收集的资料，仍然没有伟奇收得齐，而且时间投入、路费花销等成本还多出了一倍。

一次测试说明了一切问题。保证岗位的高效率，也就是让自己的岗位做到零缺陷。有的员工做事不认真，总以为工作不可能做到尽善尽美，不可能有零缺陷。这其实是在为自己的工作有缺陷找借口。所有的工作，只要用心认真去做，就能做到零缺陷。管理上有条定律，如果要想保证产品的百分百的质量，最好的手段就是让生产者亲自使用他们生产的产品。

有则真实的笑话，第二次世界大战期间，盟军为保证伞兵的安全，要求军工厂生产的降落伞必须保证百分之百的合格率。

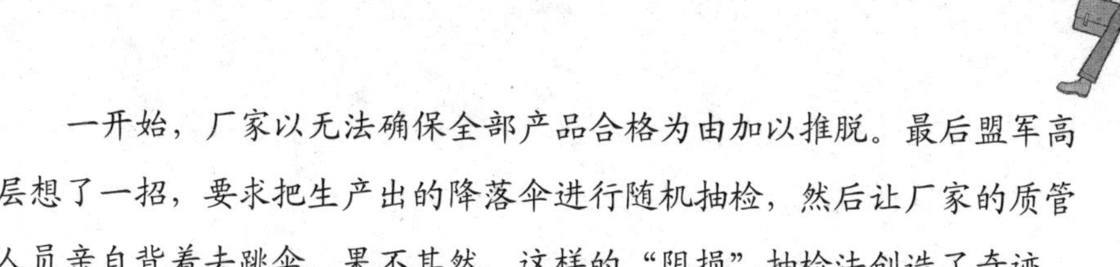

一开始，厂家以无法确保全部产品合格为由加以推脱。最后盟军高层想了一招，要求把生产出的降落伞进行随机抽检，然后让厂家的质管人员亲自背着去跳伞。果不其然，这样的“阴损”抽检法创造了奇迹，降落伞的合格率完全实现了百分之百的目标。

由此不难看出，只要有百分之百的工作零缺陷心态，就可以让自己的工作尽可能接近完美。很多时候，就是那么一点小疏忽，就会浪费我们百分之百的精力去查找事故的原因，从而影响到整个工作的效率。工作的零缺陷，就是为企业节省成本，就是保证工作的效率。

工作是生命的一部分，不用心工作，毁掉的不只是工作本身，还有我们自身的才能。对于任何人来讲，要实现成功，就必须在做事的时候抱着必须做好的决心与信心。对任何事情都持有一种“过得去就行”的态度，注定是不会有大的成就的。不管在什么岗位，也不论做什么样的工作，都必须精益求精，力求零缺陷。不怕不识货，就怕货比货。

提高工作效率，在最短的时间内优质的完成一定量的工作不仅为企业节约成本，而且还为个人增加职场晋升的机会，如此，何乐而不为呢？

蜜蜂小语

在单位时间内提高工作效率，就等于是减少损耗，节约成本。蜜蜂们就是不断提高其工作效率，从而缩减其成本的。

有条理就会有效率

著名管理学家博恩·崔西说过：“我赞美彻底和有条理的工作方

式。一旦在某些事情上投入了心血，带着明确的目的去做事，就可以减少重复，这样就能够大大提高工作效率。”

每天的工作不止一项，有时还会是一堆琐碎的小事，如果没有一个合理有序的工作秩序，东做一样，西做一样，不仅毫无章法，而且效率不高，甚至会完不成。有些员工会认为，小事不需要做规划，但是许多优秀员工的成功经验告诉我们，制定一个任务清单，能保证工作的条理化。

被英特尔内部人士戏称为“清洁先生”的葛洛夫非常讲究条理。英特尔公司有一项纪律检查制度，特别强调工作场所的物品摆放的条理性和清洁卫生。葛洛夫带头执行这一制度，后来扩大到了市场主管，他们定期到公司各处巡视，从传达室中的文件架到董事会的会议室，什么都要进行仔细检查，发现什么东西摆放得不对，就下令立刻将其整理好。葛洛夫坚信，整洁有条理的办公桌能够反映一个人做事的效率。有时候葛洛夫亲自参加巡查，检查人员还为各个办公区域的情况打分，如果一个办公室连续数次分数都不及格，“清洁先生”就会亲自到场督促工作人员整理好办公室，同时公布该办公室不及格的分数，直到状况好转、分数及格为止。

不成功的人有各种各样不同的性格，成功的人却总是拥有很多共同的特点。

罗伯特·普拉萨是世界著名的投资专家，多家世界级大公司成功并购就是出自他之手。他曾透露，当他准备考虑收购一家公司时，“条理和整洁”是他考虑的一项重要指标。他认为，一家公司的诸多情况可以从大厅的整洁与否得到有关信息：地毯是否干净？壁纸、油漆是否有新刮痕？烟灰缸是否装满了烟灰？报纸杂志是否勤更换？如果一栋建筑物看起来杂乱无章，通常可以表明这家公司其他方面也一样缺乏有效的管理。在他看来，脏乱差

就是一项警讯。

葛洛夫和罗伯特·普拉萨的成功得益于一个共同特点，那就是做事讲究整洁和条理。经验丰富的秘书和汽车机械修理师都知道整洁带来的巨大方便，无论是卷宗、文件还是档案材料，如果分门别类地放置，日后就可以省去很多查找的时间和麻烦。机械修理师要争分夺秒地排除故障，修理工具排放在一个个规格不一的盒子里或套子里，他们就可以只盯着正在修理的机器或零件，就不必为找工具而分心；工作完成后，他们也会及时物归原处。

查尔斯·舒尔茨因创作出脍炙人口的连环漫画《花生米》卡通人物“史努比”而闻名于世，他非常嗜好整洁，而且也尝到了整洁条理给他带来的好处。

他的工作室一尘不染，写字桌上整洁干净，绘画工具非常有条理地排列于其上。他创作绘画时，不需要抬头只要伸手就可以拿到自己所需要的工具，所以他的工作效率相当高。

对舒尔茨而言，整洁就是有次序地安排事情和物品。它是一种有效地运用时间的技巧，在工作时不用为找东西而分心。分心的事情越少，就越可以全心全力处理工作，工作效率就越高。反正我们一定得将用完的物品放在某个固定地方，那么为何不把它们放在一个下次需要时可以容易找得到的地方呢？

杰克·韦尔奇将“做事没有条理”列为许多企业缺乏效益的一大重要原因。如果办事不得当、工作没有计划、缺乏条理，浪费大量的精力和体力，最后还是无所成就。做事没有秩序、没有条理的人，无论做什么工作都没有成功可言。而有条理有秩序的人，即使才能平庸，他的事业也往往可以有相当的成就。

有许多人抱怨工作太多、太杂又太累，而且工作总是没有效率，不出成绩。其实，并不是这些人的工作真的就很多，而是由于他们不善于制订日程表，工作没有条理的缘故。他们不善于安排好日常的工作，连最没意义的事也抓住不放，人为地制造忙乱，不但谈不上工作条理化，结果是自己被压得喘不过气来，却得不到一点点效率与成绩。著名作家雨果说过："有些人每天早上预定好一天的工作，然后照此实行。他们是有效地利用时间的人。而那些平时毫无计划，靠遇事现打主意过日子的人，只有'混乱'二字。"只有把善于管理时间利用时间，把工作安排得井井有条的人，工作起来才有效率。

有句谚语说得好："喜欢条理吧，它能保护你的时间和精力。"培根也说过："选择时间就等于节省时间，而不合乎时宜的举动则等于乱打空气。"

工作无序，没有条理，必然浪费时间。试想，如果一个搞文字工作的人乱放资料，本来一天就能写好的材料，找资料就找了半天，岂不费事?

支配时间专家为人们支配时间提出的许多"合理化建议"，其中有一条就是整齐就是效率。他们比喻说：木工师傅的箱子里，各种工具排列有序，不同长度的钉子分别放好，使用起来随手可得。每次收工时把工具放回固定的位置同把工具胡乱丢进箱子里所费时间相差无几，而效果却大不一样。

工作有条理，既是最容易的事情，也是最困难的事情。一位管理人员叹息说："我最大的问题之一是不能把事情组织得有条有理。"我们经常看见一些青年学生的书包里，甚至高级管理人员的公文包里，简直像一个废物箱：啃了一半的面包、掉了皮的杂志、卷了角的书、几块香糖、一叠废纸等。对于从事学习和工作的人来说，办公桌面是否整洁，是工作条理化的一个重要方面。一位管理者在解释办公桌上的东西是如何堆积起来时说："这是因为我们不想忘记所有的东西。我们把想记住的东西放到办公桌上一堆资料的顶部，这样就可以看到它们。"问题是

这种方法还真管用。每当我们的注意力分散时，我们就看到了它们。我们想起了这些事情，于是不再胡思乱想。后来，东西堆得越来越高，我们不能记起下面放的是什么东西，于是就开始在资料堆里寻找。这样，时间就浪费到查找丢失的东西上。同时也浪费在注视所有我们不想忘记的东西所造成的干扰上。

使工作更计划化和组织化，以节省时间，不仅仅是提高工作效率的需要，更是执行落实的基本前提。每个职场人士都应该把自己的工作安排得井井有条，这样才能够更好地把工作安排到位，把任务执行到位。

为了使工作更有条理化，我们可以列一个任务清单。认真地做一份任务清单，无论是大任务还是小任务，不但不会约束我们的行动，还可以提高我们的工作效率。当一天工作将要结束的时候，对照任务清单认真核实，有助于日事日清。养成每天做任务清单的好习惯，对以后的工作安排有很大的帮助。如果你想高效工作，学会列任务清单是必不可少的一项技能。

任务清单并不是要把一天的工作都罗列出来，而是要有顺序、有技巧地排列。如何做好一份任务清单呢？有以下几点建议。

第一，把任务写到纸上。好记性不如烂笔头，再好的记性也不如写到纸上好，做起事来也踏实，不用担心会漏掉工作。平时，我们总是在忙着一件工作的同时还惦记着下一件事，把工作都记下后，我们就可以专注于一件工作，心无旁骛，效率自然会提高很多。

我们的大脑就像一个平行的处理器，幕前幕后的工作可以同时进行。写在纸上的事，脑子就会将这些事转移至幕后，就会产生一种潜意识，自觉地知道下一步该干什么事情。只要我们利用这种潜意识解决问题，就会发现它的作用相当惊人。

第二，简单明了。任务清单是为了把工作量化、细分，让我们的工作有条理，所以一定要简单明了，用一些自己可以理解的关键词即可，一看就明白，这样可以节约编写任务清单的时间，同时也是很好的工作习惯。

要把任务清单列在一个专门的本子上，而不是记在一些小纸片、桌上的便签或是粘在冰箱上的字条上；也不可以随意乱放，应该随身携带。

第三，时间是关键。做好任务清单，就是为了使工作有序进行，不拖延。看到任务就应该估算自己大概需要多长的时间去完成它。在任务清单的旁边制定完成各项任务所需的时间，严格按照规定的时间完成，不拖延，这也是对自己能力的考验与锻炼。

第四，定期检查。早上起床后的第一件事就是查看任务清单，这是一天工作的开始，是大部分成功人士的良好习惯。如果你将确定要做的事都列在任务清单上，而且每天固定检查任务清单，你就绝不会因为忘记而没有完成任务。在福布斯二世的书桌上一直都放着一张记录重要事项的纸，这是他的个人管理系统中心。他说："每当我觉得进退两难时，我就会看看这张纸，确定使自己动弹不得的事是否真的值得让我为难。"福布斯二世的这张纸上通常有20件事情，有电话、信件以及他必须口述的一小段专栏文章。他常告诫他人："如果你没有一个固定的记事本记录你想要做的事，事情将永远无法完成。"

每做完一项工作就可以删除一项，如果没有及时完成，这个任务清单就形同虚设。所以，必须严格要求自己，定时检查任务清单的完成进度。

第五，制定长期任务清单。任务清单不止限于一天的工作事项，许多善用时间的成功人士都会规划长期任务清单。基层员工也是一样，工作中要有自己的目标，工作都是有连续性的，不要只把眼光放在当下，应放得更远一点。

制定任务清单，按照清单上的计划去做，分配时间和精力，就可以让你有效地掌控好时间，管理好时间。工作中，制定任务清单是每一个

优秀员工的工作习惯，有利于工作效率的提高，同时体现出了员工认真严谨的工作作风。这种科学习惯的养成对成功大有益处。

蜜蜂小语

工作有条理，才能有条不紊，效率自然也就提高了。蜜蜂们每一次外出工作都会提前就会做好计划，整出条理，因此，它们的工作往往都有很高的效率。

创新工作方法，提高工作效率

在当今这个竞争激烈的社会，创新决定了一个员工的命运，同时也决定了一个企业的命运。一个企业只有拥有创新型人才，才能不断提高其自身的工作效率，进而提升自身市场竞争力，从而在激烈的竞争中稳操胜券。

在工业化阶段，经验也许是人才迅速胜任新工作，迅速取得新业绩的重要保证。因为工业化时代，产品、工艺、技术、服务同质化的规律比较明显的“通用”式的经验，往往使熟练工人能较快找到新的工作岗位，企业也愿意招收这些熟手，以降低培训投入和时间。然而，经济和社会发展到信息时代，经验已不再那么重要，取而代之的是创新精神。在这种情况下，经验相对新知识来说根本就是无足轻重。注重学习、勤于学习、善于学习是适应时代的必然要求。而学习的目的全在于创新。只有创新才能跟上时代步伐，并推动企业与时俱进。即使你的经验再丰富，到了一个新的企业，到了一个新的岗位，也必须经过培训才能立住脚。相比人力资本创造的价值，培训的投入是微乎其微的。而且培训越

来越成为这个时代背景下员工的最好的福利。因此，创新精神成为当下人才的必备的能力。

与此相对应，许多企业包括国际上知名跨国公司都把创新事业列为一个独立部门，由一位项目经理负责，直到项目达标。在这些企业中，创新人员一旦失败，企业允许他们回归岗位，享受原待遇，除对试验作必要的分析、总结，不作处罚。对创新行为的普遍支持和奖励，不仅保证了有成功希望的计划不被埋没和扼杀，更重要的是使企业的创新精神长兴不衰。

对于员工而言，利用这一大好契机努力创造更高的价值，无疑是实现自己人生理想，完成自己人生目标的最佳途径。所以，我们应该把自己的积极性充分调动起来，开拓创新，提高个人工作效率，为企业创造更好的利润。

创新要求员工多动脑，多在工作中寻找新的工作方法，以此来提高自己的工作效率，只有这样，企业的整体生产效率才有提高的可能性，也只有这样，企业才能够做大做强，立于不败之地。

黑格尔曾经说过："要是不动用人类的大脑，地球就会慢腾腾的，效率无从谈起，世界上任何伟大事业都不会成功。"这句话应用在企业中，就是所有的员工行为都要通过他的头脑，选取一个解决问题的最佳方案，提升自己的工作效率，然后使之付诸行动。

国内曾经有一家软件行业的老总在新员工入职培训上，对自己的新员工这样说："我们早已经告别了愚昧和靠蛮力混饭吃的时代，我们的工作并不是要你去拼体力、耗时间，而需要你带着大脑来工作。学会动脑便是你们入职培训的第一课……"

这位老总是十分明智的，因为他看到了日益激烈的现代市场竞争环境下，必须要求每一个优秀员工都应该勤于思考，善于动脑分析问题和解决问题。企业需要的员工是有创意、有应变能力的员工，是能帮助企

业解决问题的员工。

接受同样一项工作任务，有的员工通过积极动脑，探寻多种途径，最终选择最佳解决方案，可以十分轻松地完成。而有的员工则一条老路走到黑，运用自己的蛮力去处理事情，工作效率十分低，即使任务最终完成了，也颇费九牛二虎之力。自然，这两种类型的员工也拥有截然不同的职场命运。

20世纪50年代初期，席卷日本的金融危机让日本电器行业遭遇了严峻的考验。日本的各大电器公司积压了大量的电器设备销售不出去。许多公司难以为继，纷纷倒闭或者裁员，以减轻经济危机的“压力”。

日本电器巨擘——东芝公司也在此行列。公司的设计研发团队虽然绞尽脑汁想了很多的办法，但销量还是不见起色。看到这个情况，公司的一个默默无闻的基层小职员松井寿也努力地想办法，几乎废寝忘食地想要探寻一个新的发展思路。

松井寿是一个爱动脑筋的员工，他尝试了多种新的方法，但都效果不佳。

春天来了，外出踏青的人特别多。为了放松精神，松井寿决定随着家人一起出去踏青游玩。松井寿看到街道上有很多小孩子拿着色彩不同的小风车在玩，小风车转动起来煞是好看。眼见这些好玩的小风车，松井寿突然灵机一动——为什么我们的风扇也必须要一成不变地运用白色的呢？为什么不把风扇的颜色改变一下呢？这些五颜六色的风扇一定会受到小孩子和时髦青年的喜爱，那些中老年人也会动心的。

说干就干，松井寿匆匆和自己的家人道别，急忙跑回公司，连夜做出了可行性方案，第二天就递交给公司管理层。东芝公司听了这个建议后也眼前一亮，特地召开了大会仔细研究并采纳了

松井寿的建议。

东芝公司的系列彩色电风扇终于推出了，这一举措一改当时市场上电扇一律白色的面孔，很受人们的喜爱，掀起了抢购狂潮，短时间内就卖出了100万台，公司很快摆脱了困境。而松井寿不但因此获得了公司2%的股份，同时也成了公司里最受大家欢迎的职员。

东芝公司的彩色电扇神话让其扭亏为盈，在不减员、不减产的情况下顺利度过了金融危机，这里面松井寿的功劳是不可忽视的。

一些东芝的老员工对东芝企业文化感受最深的是“学会动脑，勇于创新，用智慧提升效率”。对东芝的员工来说，不论其背景如何，不论其学历如何，都要把个人的智慧和创造的个性勇于表现出来，动脑筋去解决一切问题，始终抱有目标意识，尽量发挥自己的才能。

如果一名员工仅仅记住了做某项工作的各种“定理与公式”，而不能灵活应用发现新问题，不能思考和动脑，是势必要遭到淘汰的。优秀的员工应在工作实践中积极动脑，勇于探索，善于创新，以此来提升自己的工作效率，在自己的工作团队中占有一席之地，成为团队中的有用之才。

每个人都有创造思考的能力，同时你身边都有无数值得去发现的创意。只要多动脑筋，你就可以获得对公司、事业乃至对自己的生活有所助益的创意。

蜜蜂小语

创新工作方法，就是不断改变旧方法，推陈出新，创造更好更快的工作方法。蜜蜂在工作中，经常不断地改变其工作方法，继而大大提高了工作效率。

蜜蜂法则八

严守制度，不设规矩无方圆

俗话说："没有规矩，不成方圆。"制度是实现管理目的的手段，是推进企业管理流程的基本工具，是规范有效管理的前提。制度的制订与实施，是一条潜流于组织整个运行体系中隐形的手，左右着这个组织的生存与发展，决定着其实力的强弱。而严格遵守制度是提高工作成效的一个重要方面。

没有纪律一切都会毁灭

纪律性是人类赖以生存的优秀品质之一，没有纪律便没有一切。

纪律是胜利的保障，这是一条不变的真理。我们知道狼群在围捕猎物时，每一只狼从不会不听命令擅自行动。若头狼尚未发出进攻的指令，无论狼群如何蠢蠢欲动都不会越雷池半步；一旦头狼仰头一声长啸，群狼则如离弦之箭，以迅雷不及掩耳之势飞驰而出。只有遵照统一的号令，狼群才能确保最后狩猎成功。拿破仑曾提出："军无军纪，则失其制胜力，而成乌合之众。"而《战争艺术》的作者约米尼也说："行动的一致才能产生力量"，"若是没有纪律和秩序，则绝不可能有战胜的希望。"可以说，纪律是一个团队在复杂多变的竞争环境中成功乃至生存的基础。

公元前383年，东晋以八万军队驻扎在淝水以南，前秦国君以百万大军屯兵淝水北岸。一天，苻坚北岸登上寿阳城，隔岸眺望。只见晋兵布阵严整、气势雄伟，苻坚望着八公山，似乎连山上的草木都是晋军了。而事实上，晋军总共不过八万人，但由于晋军训练有素、纪律严明，因而看上去草木皆类人形，使苻坚心生疑惧。

不久后，东晋派使节到前秦，要求移阵决战。秦军诸将都表示反对，但苻坚认为可将计就计，让军队稍向后退，待晋军一半渡过河时，再以骑兵冲杀，这样就可以取得胜利。答应了晋军的

要求后，秦军开始后撤。但由于纪律涣散，秦军一时失去控制，阵势大乱。晋军见此情形，则一鼓作气，乘势杀上岸来。正在两军交战的紧要关头，秦军中有人高呼："秦兵败矣！"秦军立刻军心动摇，秦兵人马相踏而死，满山遍野，充塞大河。

晋军为何能以区区八万之兵战胜百万大军？最主要的原因就是晋军纪律严明，而秦军纪律涣散。

纪律是衡量一支军队素质的主要标志，也是决定战争胜负的重要因素。缺乏严明的纪律是秦军失败的重要原因。

一个团队没有一个铁的纪律，就是一个没有战斗力的团队。只有铁的纪律，才能保证团队所向披靡，战无不胜。

一支军队，抑或是一个团队，如果纪律严格，在竞争中就能占据一定的优势。当我们思考一个王牌军团制胜的绝招是什么的时候，我们会得出什么样的答案？答案不会是先进的装备，也不会是优厚的待遇，更不是那身可以耀武扬威的战袍，而是严明的纪律。

公元前158年，匈奴集结重兵进犯汉朝北部边境，河内郡守周亚夫奉命驻守细柳。有一天，汉文帝到驻地亲自犒劳军队。在慰问灞上和棘门的驻守官兵时，文帝与众大臣都是骑马直接进入营寨，将军们也都骑马前来迎送。

文帝的先行官到了周亚夫驻守的细柳，只见细柳营的将士们都身披盔甲，手执锋利的武器，拿着张满的弓弩。先行官想直接进入军营，但卫兵不让。于是先行官说："皇上就要到了！"把守营门的都尉毫不理会，只说："将军有令，在军营只听将军的号令。"

没过多久，文帝与大臣们也到了，一干人等仍然不能进入军营。文帝只好派使者持符节诏告周亚夫，周亚夫这才传达命令说："打开军营大门！"守卫军营大门的军官对文帝一行驾车骑

马的人说："将军有规定：在军营内不许策马奔驰。"于是众人就拉着缰绳缓缓前行。

一进军营，周亚夫手执兵器对文帝拱手作揖说："穿着盔甲的武士不能够下拜，请允许臣以军礼参见陛下。"文帝为周亚夫治军如此之严格而感动，表情亦变得庄重，称赞说："皇帝敬劳将军！"出了营门，文帝便向大臣们称赞周亚夫说："这才是真正的将军！有这样的军队怎能不打胜仗！"后来，周亚夫果然带领他纪律严明的军队为捍卫汉朝立下赫赫战功。

周亚夫是汉朝功勋卓著的将军，以英勇善战、严守军纪著称。执纪如山是其在军事上取得胜利的基本保证。同样的道理，一个团队要想取得胜利，就必须有铁一样的纪律，否则，队伍只会乱成一团，毫无胜算可言。

在战争年代，严格的纪律保证战争的胜利。在和平年代，严格的纪律同样是团队克"敌"制胜的重要法宝。军队建设离不开纪律，这是因为纪律出战斗力，拥有强大战斗力的军队才能使部队屡建战功。同样，团队离不开纪律，因为在当今社会，只有拥有一支纪律严明的团队，才能保证不折不扣的执行力，进而在激烈的竞争中赢得最后的胜利。

《周易》有云："师出以律，否藏凶。"说的是军队无论作战、守卫、训练，都需有严格的纪律。如果军队无纪律，即使胜利了，也是凶兆。

兵家历来认为纪律的重要性胜过一切，所以才有"兵当先严纪律，设谋制胜在后"的说法。一支纪律松懈的队伍，是绝对不能指望它克敌制胜的。

古罗马时期，北非广大地区都处于罗马统治之下，努米底亚是罗马的属国。公元前113年，努米底亚国王朱古达打败罗马人支持的争位者阿德格尔巴，攻占锡尔塔城，杀死部分在当地经商的罗马

人和意大利人。于是，罗马元老院以此为由向朱古达宣战。

在战争中，努米底亚拥有的精锐骑兵军队纪律严明，在北非干燥荒漠地区作战勇猛。而罗马军队则极为腐败，上级军官屡屡收受贿赂，下级士兵常常卖掉上阵杀敌的武器，而且军纪废弛，士气涣散，为所欲为。得知罗马军队纪律松散，朱古达多次重金收买罗马指挥官甚至罗马元老，使罗马军队连遭失败。

军事家说："军纪者，军队之命脉也。"军队是世界上最古老的组织之一，也是最有效率、最具执行力和最具奉献意识的组织。

朱古达战争开始后，罗马共和国的政治制度和军事制度的腐化完全暴露，昔日以纪律严明著称的罗马军队竟然变成了一群乌合之众。军纪涣散是罗马军队屡遭失败的根本原因，由此才引发古罗马历史上最伟大的改革之一，即"马略改革"。

由此看出，纪律是一个团队的灵魂。只有严明的纪律才能使团队保持稳定，才能使团队保持强大的战斗力。没有共同目标，没有共同遵守的行为规范，没有严格纪律的团队根本不能称为团队。纪律是社会存在的前提，也许你会觉得，纪律似乎无时无刻不在束缚我们的拳脚，但如果没有纪律，一切都会毁灭。

蜜蜂小语

蜜蜂是一个最注重纪律的群体，他们严格遵守纪律，把纪律牢记于心，练就了一个高素质的群体。

权力绝不可以超越制度

追根溯源，权力起源于维护社会公共利益和社会公共生活秩序的需要，就其本质而言，权力乃是一种公共意志，是人类社会和群体组织有序运转的指挥、决策和管理力量。人类的政治发展史表明，权力作为一种充满魔力的社会客观现象，曾给人类带来过巨大的利益，也给社会造成过深重的灾难，关键在于权力的运行是否受到合理有效的制约。

在我国传统文化中，儒家无疑占主导地位，而其关于人的核心理念是“人性本善论”。由此出发，在涉及治国方略时，性善论认为，既然人性是善的，就没有必要建立、健全各种法律制度，只要加强道德感化即可；只有在道德感化无法奏效的情况下，才辅之以法律，即所谓“德主刑辅”。这样，法律就成了道德的附庸。在权力与法律制度的关系问题上，性善论支持权大于法。性善论过分相信掌权者的道德自律，迷信“圣君贤相”，从而放松了对掌权者的警惕，忽视了对权力的法律制约，导致权力凌驾于法律之上。

相反，西方文化则是一种“人性本恶论”文化。柏拉图由早年的典型人治论者转变为晚年法治论者，其重要原因可以说就是他认识到人的统治中混有“兽性因素”。因此，人类必须有法律，并且必须遵守法律。否则，他们的生活就像最野蛮的兽类一样。西方对人性的不信任从而产生法治思想，大概始于此。柏拉图的学生亚里士多德在《政治学》一书中指出，人类具有罪恶本性，失德的人会贪婪无度，成为最肮脏、

最残暴的野兽，这是城邦幸福和谐生活的莫大祸害。西方基督教的“原罪说”更加剧了对人性的不信任。性恶论为法治思想奠定了文化根基。既然人性是恶的，就必须努力健全法律制度，防止人性中的贪婪成分恶性膨胀。

然而，对于权力，我们长期以来侧重于道德制约，苦口婆心地劝导掌权者要廉洁自律，克己奉公，或者宣扬优秀领导的“人格魅力”，号召积极进行“权力道德”建设，却忽视加强法律和制度制约的重要性，没有认识到制度建设更带有根本性、长期性和全局性，以致出现了严重的个人专断和个人崇拜现象。这个教训不可谓不深刻。所以，要用制度约束权力，而且，决不能让权力超越制度。

对每一个企业而言，领导要想管理好下属，使企业有条不紊地健康发展，就要有一个好的制度，这是毫无疑问的道理。制定制度其实并不难，关键是在于执行，即便是领导违犯也要处罚，因为这是企业的制度，任何人都没有例外。领导决不能因为手中有权就轻视自己制定的制度，或利用权力更改制度或者超越制度。

心语是一家公司里的考勤员，她主要的工作是考察副经理和经理的。但是，她的那位副经理却是很不遵守考勤制度的。有一次，那位副经理没来上班，心语就扣了他全勤奖，那位副经理很是火大，因此只要是在公司例会上，总会想方设法地针对心语进行刁难。

接着，这位副经理又有几天没来上班，心语因为职责所定，又扣了他的全勤奖。这位副经理火冒三丈，说自己是跟经理说好的，这几天补前两个月没去旅游的假了。但是，由于副经理没有通知心语，出于对工作负责，心语还是扣了他的全勤奖。虽然心语因自己的部门没有领导打压下属的现象，不怕这位副经理，但是对于这样以为不守规矩的领导，这让自己的下属怎么看他？仗着自己的权力

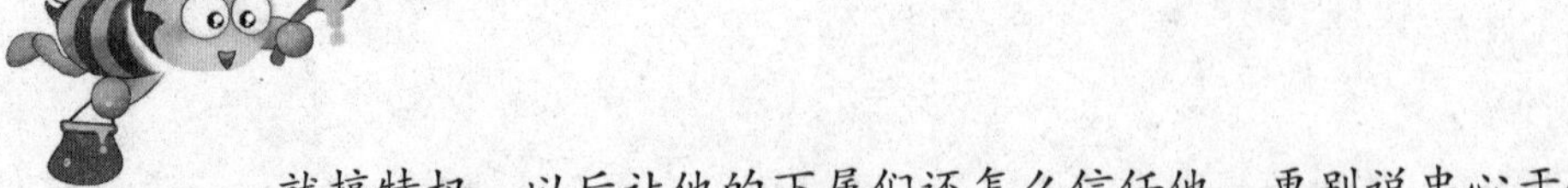

就搞特权，以后让他的下属们还怎么信任他，更别说忠心于他了。

制度不仅仅是管理员工和下属的，而是对企业里每一个成员都有效，企业里每一个人都要受到企业制度的约束。就算是企业最高的领导人也不能搞特权，否则将会使自己在下属面前失去威信，这就与下面的例子形成了鲜明的对比。

据说，挪威前首相邦德·维克，曾专门从德国宝马公司订购了一辆高级防弹轿车。但令人没有想到的是，轿车刚到手，首相却被当头泼了一盆冷水：国内公路管理部门不允许这辆车上路，理由是“轿车比规定的标准超重了40千克，公路路面承受不了”。不得已，首相只好让有关部门把车进行了改装，减掉40千克后才被允许上路。

中国历史上的很多开国皇帝大多把重要的制度刻在石碑上，以警醒世人。宋太祖就曾在大殿上立有这样的石碑：此殿不得以南人为相。明太祖则在宫门立有铁碑，上书：“内臣不得干预政事，预者斩。”按理说，有开国皇帝立下的石碑制度，后来的继位者只有严格遵循的份儿，这样的制度应当是能靠得住的。可实际情况却全非如此，或许可以说宋太祖这个制度本身就有极大的缺陷，为后来的掌权者所废是情理中的事；但明太祖的“后宫内臣不得干预政事”则是对皇家政治得失的总结，这项制度应该说是抓住了封建王朝灭亡的重要原因。这项制度如能得到切实贯彻，明朝绝不会那样黑暗。明朝灭亡的原因固然可以列出很多，但宦官干政则是明朝灭亡的极重要的一个原因。

中国历代均有宦官乱政的事例，只有明朝最为酷烈。明朝不仅出了许多著名的宦官，而且还出了“阉圣”魏忠贤。那时各地巡抚纷纷为魏忠贤建立生祠，有的还建在西湖、虎丘、五台山等风景名胜区。一祠之费多者数十万，少者数万，基本都是剥民财、侵公帑、伐木无数。这种无聊的举动不仅加速了明朝的灭

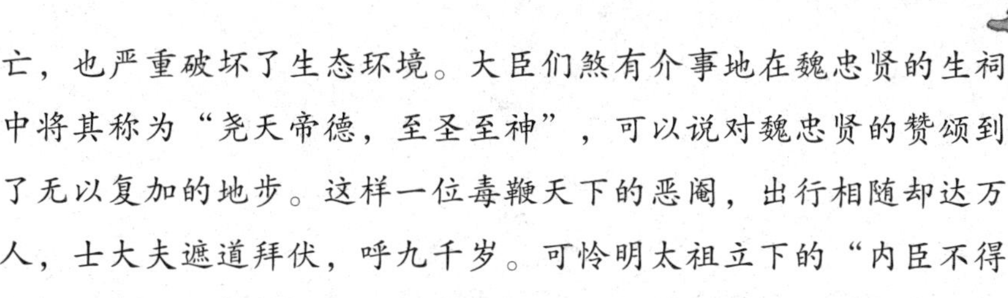

亡，也严重破坏了生态环境。大臣们煞有介事地在魏忠贤的生祠中将其称为“尧天帝德，至圣至神”，可以说对魏忠贤的赞颂到了无以复加的地步。这样一位毒鞭天下的恶阉，出行相随却达万人，士大夫遮道拜伏，呼九千岁。可怜明太祖立下的“内臣不得干预政事，预者斩”的制度如同一张白纸。

皇帝从来都是一言九鼎说一不二的。可立石刻碑的制度也靠不住，这表明制度只是制度，制定制度靠权，无权者绝没资格定制度，而制度的作废也是权，只要权力能够超越制度，制度必然疲软并最终成为废纸。明成祖在从侄儿手中夺取皇权的过程中因为有宦官立了功，所以明成祖就敢废了明太祖的制度重用宦官。

在制度建设不断完善的今天，领导一定要明白一项好的制度能不能靠得住，关键要看领导是否身体力行，是否用手中的权力去保护制度而不是超越制度。如果权力大于制度，那么，再多的制度也不过是制度，要想用这样的制度管理好下属绝对是不可能的。

因此，不管单位或者企业规模的大小，所有的领导者都必须自觉遵守各项规章制度，只有这样才能为进一步的管理打下坚实基础。

蜜蜂小语

制度是维护一个企业正常运转的有力保障，制度面前没有特权，即使是企业中最有权力的领导人也没有超越制度的特权。在蜜蜂群体中，就始终遵循这一原则“权力绝不可以超越制度”。

让遵守纪律成为一种习惯

“基础不牢，地动山摇”，企业的基础在员工。如果把企业作为一部机器，那么，无论是管理人员、技术人员、还是操作人员都是机器的零部件，只有零部件运作正常，整台机器的运行才能正常。一个团结合作、富有战斗力和进取心的企业团队，必定是一个纪律严明的团队。对于企业和员工而言，敬业、服从、协作等精神永远比其他任何东西都重要。但这些优良品质并不是与生俱来的，所以，企业要不断加强纪律观念的锻炼，让员工把遵守纪律当成一种习惯。

巴顿可以说是美国历史上个性最强的将军，但他在纪律问题上，态度毫不含糊。他深知，军队的纪律比什么都重要。他认为：“纪律是保持部队战斗力的重要因素，也是士兵们发挥最大潜力的基本保障。所以，纪律应该是根深蒂固的，它甚至比战斗的激烈程度和死亡的可怕性质还要强烈。”“纪律只有一种，这就是完善的纪律。假如你不执行和维护纪律，你就是潜在的杀人犯。”巴顿如此认识纪律，如此执行纪律，并要求部属也必须如此，这是他成就事业的重要因素之一。

一个团结协作、富有战斗力和进取心的团队，必定是一个有纪律的团队。同样，一个积极主动、忠诚敬业的员工，也必定是一个具有强烈纪律观念的员工。因此可以说，纪律，永远是忠诚、敬业、创造力和团队精神的基础。对团队而言，没有纪律，便没有了一切。

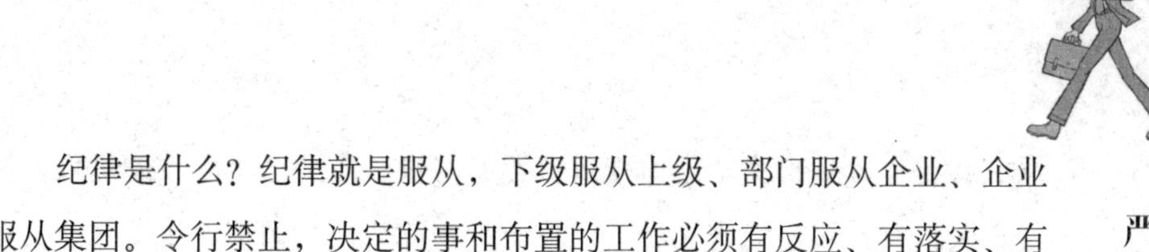

纪律是什么？纪律就是服从，下级服从上级、部门服从企业、企业服从集团。令行禁止，决定的事和布置的工作必须有反应、有落实、有结果。服从是任何一个团队成员的基本素质，也是管理者对所有下属员工的基本要求。关于这一点，北京物美集团是最好的例证。

严格遵守各种规章制度，贯彻各种会议决议，执行集团、公司制订的预算、计划、通知，这是物美所有干部员工必须履行的职责。当然，自律是纪律的重要组成部分。干部必须带头遵守有形的规章制度和无形的企业文化，这是贯彻纪律的关键。任何干部、员工都不得将个人、亲属、朋友、小团体的利益凌驾于企业利益之上。

物美的干部员工来自五湖四海，每个人都有不同的经历和不同的惯性思维，怎样才能改变这些惯性思维？

物美集团的管理者深知，个人的生活习惯他们是无权管理的，也没有必要管，但既然在公司里做事，工作习惯就必须适应公司的纪律。遵守纪律是一个人、一个团队在复杂多变的竞争环境中生存、发展乃至成功的基础。在物美做事就要认同物美的规则，对已经形成的纪律不含糊，成为一名有纪律的员工。有纪律的员工是把纪律变成习惯，做任何事情都会按照规则去进行，最后做到“随心所欲不逾矩”。

对于一个企业而言，如果没有制度和纪律，就必然会造成整个企业执行力的缺失，以及部门的内耗、操作系统的紊乱。所以，在一个企业里，敬业、服从、协作等精神永远都比任何东西重要。当然，这些品质不可能与生俱来，所以，对员工进行培训和灌输纪律意识显得尤为重要，就像军队不断要求每个人的着装和仪表一样，最后是要让所有人都明白，“纪律只有一种，这就是完善的纪律”。

当然，从学习规则，遵守纪律，树立纪律意识，刻意使自己的行为

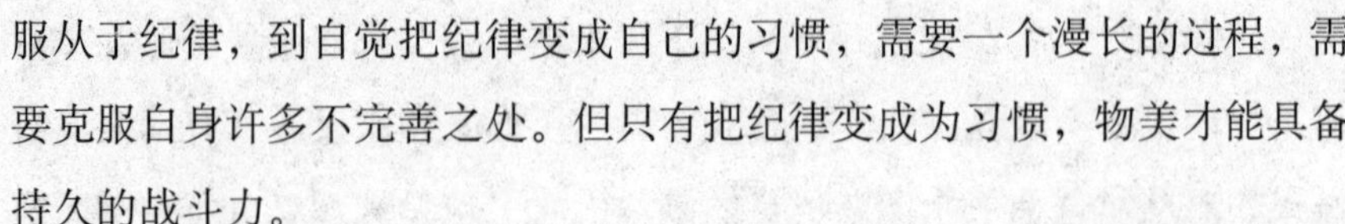

服从于纪律，到自觉把纪律变成自己的习惯，需要一个漫长的过程，需要克服自身许多不完善之处。但只有把纪律变成为习惯，物美才能具备持久的战斗力。

纪律是世界上最重要的事情，没有纪律，就没有品格，没有品格，就没有进步。现在大家都在谈企业文化，可以这样说，纪律就是物美文化的核心内容。没有纪律的物美文化不可能指导物美的各项实践有序进行。无独有偶，湖南远大集团的纪律也是令人震撼的。

湖南远大集团的标准体系、执行体系都非常强大，小到如何走路，如何开车，如何绿化，以及员工出差要随身携带的物品等都规定得清清楚楚。每一个企业员工都要具有强烈的纪律意识，在不允许妥协的地方绝不妥协，在不需要借口的时候绝不找借口——比如质量问题、对工作的态度等。

可以说，铁一般的纪律，强大的执行体系、规章制度与操作体系，推动远大加快了发展的步伐，造就了一个新时期的远大。由此看来，对组织而言，纪律就是有形的规章制度和无形的企业文化，属于约束行为的范畴。但是对管理者则有着更深一层的意义，纪律是管理者个人本身的管理品格。组织的运作需要有明确的规章制度作为行事规范，但是要让规章制度发挥效用，就需要由管理者以身作则、有落实纪律的精神，一位没有纪律的管理者是无法有效地领导团队的。

在组织中恪守纪律是管理者赖以执行职务的要素，它代表着管理者对工作的态度、对角色职务的尊重以及对组织的承诺。我们知道管理工作本身是极为复杂的过程，面对不同且快速变化的人与事，若是不能维持纪律的精神就容易迷失方向，影响团队目标的实现。许多管理者之所以会身陷经营困境，其主要原因就是个人及团队失去纪律的精神，处理事务无法持之以恒。

卡莉·菲奥丽娜女士在接任美国惠普科技公司总裁时，特别强调：

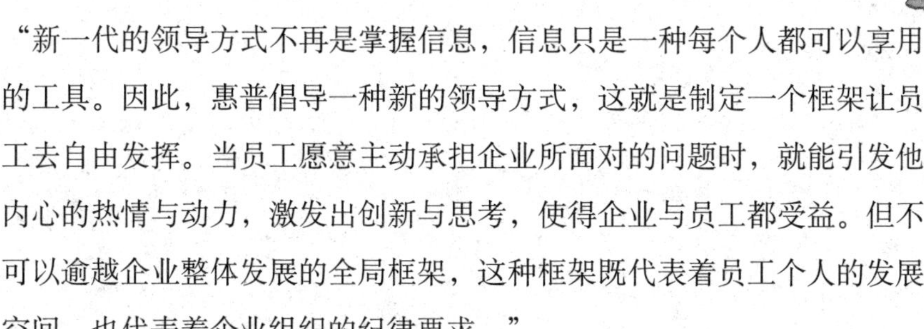

“新一代的领导方式不再是掌握信息，信息只是一种每个人都可以享用的工具。因此，惠普倡导一种新的领导方式，这就是制定一个框架让员工去自由发挥。当员工愿意主动承担企业所面对的问题时，就能引发他内心的热情与动力，激发出创新与思考，使得企业与员工都受益。但不可以逾越企业整体发展的全局框架，这种框架既代表着员工个人的发展空间，也代表着企业组织的纪律要求。”

纪律是组织促使创新变革发挥效益的关键。组织要保持成长的原动力，就必须持续的进行创新与改革，要想在企业经营中持续改革，那么纪律就是不可或缺的要素之一。在改革中必然会遭遇到许多困难，这时需要的绝不只是能力，要能随变化而快速地采取行动，这依靠的就是个人以及团队的纪律，唯有纪律才不会失去方向，才可以有效地成功应变。

对管理者而言，纪律除了有他律的部分外，更重要的还是自律。纪律从某种意义上讲就是实践自己的价值观，它是个人智慧、技能与修养的具体表现。纪律的目的不在于限制他人，而是自我的要求，纪律的表现不只影响自己的角色定位，也牵动着与团队成员的关系。同时，纪律的扩散性及影响力，可能由管理者个人扩散到团队全部，达到上行下效的效果。

纪律不仅可以避免犯错，也是成功的基础，要成为优秀的管理者绝对不要轻视纪律的能量。纪律是铁铸的、钢打的，看它多么冷酷，多么无情，每一个人都要以铁的纪律约束自己。同时，让每个团队成员心头，都永远铭记着团队的律条，让遵守纪律成为一种习惯。这样的团队才会拥有美好的未来。

蜜蜂小语

遵守纪律是每个员工都必须要做的事，工作中总是有很多人违纪，那是因为他们没有把纪律当作一种习惯。蜜蜂们就极少有违纪的，它们把纪律当成工作中的一个习惯，自然就极少出错了。

遵守制度打造一流团队

任何一个优秀团队往往都会有健全的制度做保障，制度犹如火车的轨道，是用来规范员工行为的准则。没有规矩，不成方圆，没有了纪律和制度的约束，那么，群体和组织的社会生活就无法从特殊、不固定的方式，转化为被普遍认可的固定化模式。

所以，制度化是团队发展、成熟的过程，也是整个团队规范化、有序化的变迁过程。规范化和制度化相加，才可能造就一支优秀的团队；团队员工行为的规范化和有序化，才能使员工的行为朝着团队期望的方向发展。

我们知道，军队是最具力量的团队。不要错误地以为军队有力量是因为有枪炮，军队的力量来自铁的纪律，没有纪律的军队，依然只是乌合之众。在部队强调步调一致得胜利，在企业界也是相同的道理，有了良好的团队，全体成员就能整体地拧成一股劲，“以十当一”，这样团队才会有凝聚力、战斗力。

一支部队的战斗力如何，在相当程度上取决于该部队的军纪是否严明。

拿破仑曾描写过骑术不精但纪律严明的法国骑兵和当时最善于格斗但纪律松弛的马木留克兵之间的战斗：两个马木留克兵绝对能打赢三个法国兵；一百个马木留克兵与一百个法国兵势均力敌；三百个法国兵大都能战胜三百个马木留克兵；而一千个法国兵则总是能打败一千个马木留克兵。

军队只有有了严明的军纪，军队才能令行禁止，战则必胜；同样，一个企业团队在经济战场上是否有战斗力，在相当程度上也取决于该企业是否拥有严明的纪律，使其少犯甚至不犯那些不必要的错误，从而最大限度地减少以至消灭内耗，步调一致地快速前进。

那么，针对有的企业内部管理严重滑坡、劳动纪律极端涣散的现象，企业就一定要抓好企业的基础管理工作，要从企业竞争战略的角度来认识这个问题，痛下决心来解决这个问题。这样，我们的企业才能有希望，我们的团队才会有战斗力。

古语曰：“工欲善其事，必先利其器”，企业也一样。企业要达到商业目的，就必须先构建有纪律的、团结有力的、无坚不摧的团队。很多人都认为自己是最正确的，有很多人只会认为自己的利益是最重要的，这样就产生了一个矛盾，就是团队中所有人的综合利益和团队中个别人的利益之间的冲突。这种事一旦发生，如果没有纪律，就不会形成一个团队的集合力和战斗力，只会形成大团队中有各自互相冲突的小团队，而在大环境的影响下，这个团队中所有的利益都会有所损失。而纪律就能保证在很多情况下能让全体团队的总利益获得比其中一些人在其中获得的利益之总和大得多，从而让整个团队形成更大的规模，团队中每个队员都有所收获。

没有制度，无视纪律，组织就会成为一盘散沙。正如著名经济学家吴敬琏所指出的，推动技术发展的主要力量不是技术自身的演进，而是有利制度的安排。一个有纪律保障的制度如果能被合理地利用，往往能

得到出人意料的效果。

有这样一家公司，它的老板骄傲地说，本公司的新产品根本不用试生产，只要推出，就有大批订单。为什么他能说出如此狂妄的话？原来他们开发任何新产品，都运用了一种管理制度。这种制度以用户需求为核心，共有产品定位、设计、评估、销售四个方面289个环节，通过对大量数据和反馈信息的不断调整，确保了产品一经面市，即能满足用户需求。正是凭着一整套科学严密并行之有效的管理程序，该公司从创建以来很快便领导了世界文件处理的新潮流。

有些企业经常陷入一些尴尬的处境之中，而之所以导致这种情况的发生，并不是因为一些技术上的难题，而是由于制度的不完善。例如，很多企业，员工与老板经常打游击战。当老板在的时候，员工就装模作样，表现卖力，似乎是一位再称职不过的员工了，而等老板前脚刚走，他们就在办公室里“大闹天宫”。而一些老板，往往会在这个时候杀个回马枪，将员工的形象尽收眼底。但对于一个团队来说，这并不是长久之计，一方面，老板没有过多的精力，另一方面，这样也会给员工造成紧张的心理压力。

所以，以制度的确立来解决这一问题是最好的方法。如果建立了一套完善的制度，让员工意识到，无论任何时候，都必须一如既往地认真工作，那么，即使老板不在，员工也会尽职尽责地工作。由此可见，纪律和制度是保障企业运行的有效手段。

某些时候，对一个团队来说，“不能干什么”往往比“能干什么”更重要。国内外有许多成功的企业团队，其制胜的法宝就是因为有了“铁的纪律”。

英特尔的总裁葛洛夫从早期企业文化中就领悟出，在公司应当提倡纪律的重要性，并一向认为纪律是促使英特尔成功的一大

关键。

从创立初期，葛洛夫就认为制造部门必须加强管理，重视清洁，才能有效率地生产。后来他将这种纪律扩充到企业的其他部门，要求所有的办公桌、档案柜都要整整齐齐，才能表现公司的“纪律之美”。

他的道理非常简单，公司就像部大机器，各部门都必须按部就班作业，无论制造、工程、行销或财务部门，都必须遵守公司的纪律，才能让机器运转更顺畅，产量也才能最高。

他们还特别设立“清洁大使”的检查制度，由资深经理巡视各办公区域，就其清洁度予以评分。如果哪个人评分成绩不太理想，就得立即清理，并在下周获得较高分数以洗刷前耻。

从公司发展的轨迹来看，20世纪60年代时，英特尔还只是初级的小公司，而当时的得州仪器公司可以说是市场的老大，而纪律的管理观念让英特尔一举超前。在20世纪70～80年代，英特尔再度面临日本NEC公司的强烈竞争压力时，也是靠纪律才打赢这一仗。

那时，英特尔公司每周定期召开CYAT会议，参加者包括工程、销售、制造和财务部门，分别报告每人进度、现状，以及部门间配合事项。非常令人惊喜的是行销与工程部门人员，很快就像制造部门一样。遵守同样的纪律工作，所以大家方向一致、团结协作，最终取得成功。

一个组织的纪律是它的事业取得胜利的基本条件。纪律严明是贯彻一个组织的路线、维护它的团结统一、完成它的任务的重要保证。铁的纪律是造就高效团队的基础。如果团队全体成员“一个口令一个动作”地切实贯彻执行企业的政策，那么，成为一流团队便会指日可待了。

蜜蜂小语

蜜蜂可以说是一个遵守制度的一流团队，在他们的群体中，每一个个体都主动遵守制度，共同打造了属于它们的优秀团队。

企业成功离不开制度

一个企业要想做大做强，想要成功，就必须完善制度，走正规化管理的道路，这样各项事务才能井然有序，信息沟通才快捷、高效，对市场环境的适应能力才更强。

人们对企业成功的因素加以分析，发现企业成功的因素虽然很多；诸如人才、资本、技术、信息、产品、竞争、合作、企业文化管理、商誉等；但基本上可以分为两大类：一是企业成功的基础因素，如制度、组织、人才、资本、技术、信息等；另一类是企业成功的主导因素，如产品、管理、竞争、营销、企业文化等。可以说，企业管理制度是企业能否成功的一个至关重要的因素。

如果说管理是树木，那么制度就是滋养万物的土壤。只有肥沃的土壤，才能培育出茂盛的植物；只有健全、完善、合理的制度，才能使企业实现规范有效的管理。制度是管理最有力的保障和支持，只有不断完善的制度，才能让管理走向规范化，才能让管理者从烦琐的事务中解放出来，才能为领导和员工提供最大的创造空间。

因为经历了创业的艰难，在企业逐步走向正规管理的同时，越来越多的现代管理者都意识到了制度建设的重要性。看到了制度的优越性。一个合理的、完善的、有效的制度，让创业者们逐步走向他们事业的新

高峰。

现实生活中大多数成功企业的经验表明，企业的成功离不开管理制度的正确运用。

约翰和亨利到一家公司联系业务。这家公司的办公室在一幢豪华写字楼里，落地玻璃门窗，非常气派。可是，由于玻璃过于透明，许多来访客人因不留意，头撞在高大明亮的玻璃大门上。不到一刻钟，竟然有两位客人在同一个地方头撞玻璃。

亨利忍不住笑了，对约翰说："这些人也真是的。走起路来，这么大的玻璃居然看不见，眼睛到哪里去了？"

约翰并不赞同亨利的说法，他说："真正愚蠢的不是撞玻璃门的客人，而是设计者。如果不同的人在同一个地方犯错误，那就证明这个地方确实存在缺陷。应该考虑怎么修正缺陷，而不是嘲笑那些犯错误的人。"

约翰于是向该家公司的经理提了意见，在这扇门上贴上一根横标志线，从此再没有来访客人撞到玻璃门了。

这个故事说明的其实就是一个"修路原则"，就是当一个人在同一个地方出现两次以上同样的差错，或者两个以上不同的人在同一个地方出现同一差错，那一定不是人有问题，而是这条让他们出差错的"路"有问题。这个时候，人作为问题的领导，最重要的工作不是管人——要求他不要重犯错误，而是修"路"。

管理进步最快的方法之一就是：每次完善一点点，每天进步一点点，每个人每一次都能因不断修"路"而进步一点点。这里所讲的"路"就是制度和规范，"修路"就是指制度建设。

"修路原则"理论告诉我们，管理工作最重要的不是直接去管人，而是去制定让人各司其职的制度——修筑让人各行其道的路。

在当今这个日新月异的时代，企业的内外环境在一刻不停地发生着

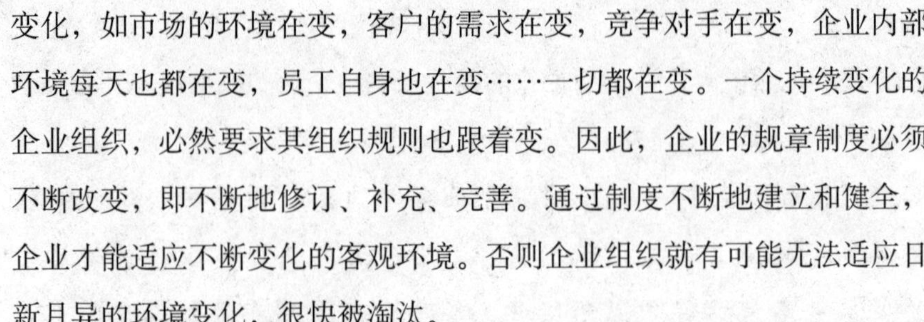

变化，如市场的环境在变，客户的需求在变，竞争对手在变，企业内部环境每天也都在变，员工自身也在变……一切都在变。一个持续变化的企业组织，必然要求其组织规则也跟着变。因此，企业的规章制度必须不断改变，即不断地修订、补充、完善。通过制度不断地建立和健全，企业才能适应不断变化的客观环境。否则企业组织就有可能无法适应日新月异的环境变化，很快被淘汰。

完善的制度是管理最有力的保障和支持。是否要建设和完善自身的制度，不是企业自身愿与不愿的问题，而是企业是否要发展的问题，是企业是否有竞争力的问题。

对企业而言，完善合理的制度具有重要意义。

第一，制度是企业赖以存在的体制基础。企业作为各种生产要素的组合体，实际上就是通过制度安排来组织各种生产要素的，因而企业制度是对各种生产要素进行组合的核心纽带和基础。因此，没有制度就根本谈不到企业的存在，当然更谈不到企业的发展。

第二，制度是企业有序化运行的体制框架。企业要有序化，就必须要按照一定的程序运行，而要按照一定的程序运行，就必须要有一个运行的程序，程序要对企业运行有约束，那么约束企业运行的程序是什么？不是别的，就是制度。因此，制度实际上就是约束企业各种生产要素的行为以及企业本身行为的一种准则。正是因为如此，所以企业的有序发展，就必须有良好的企业制度。没有良好的制度，就没有企业的有序运行。

第三，制度是企业发展壮大的必然选择。当企业发展成规模的时候，必然要求把企业的思想理念、决策措施、考评策略、调控体系，通过制度的方式进行递进和传达，从而建立和实现自己的体系，形成规模化效益。

第四，制度是技术创新发展的基础。科学技术是第一生产力，是以

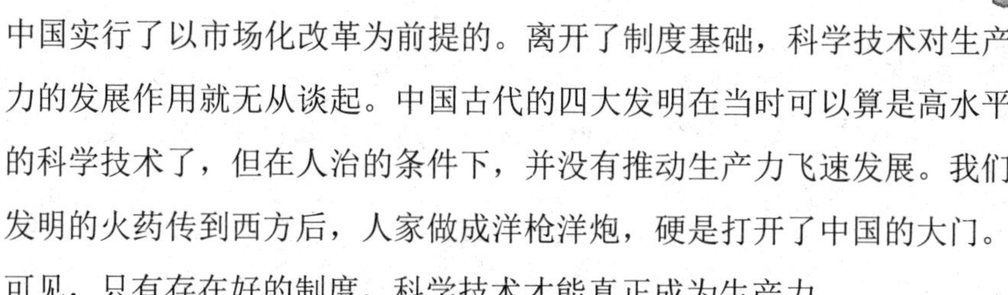

中国实行了以市场化改革为前提的。离开了制度基础，科学技术对生产力的发展作用就无从谈起。中国古代的四大发明在当时可以算是高水平的科学技术了，但在人治的条件下，并没有推动生产力飞速发展。我们发明的火药传到西方后，人家做成洋枪洋炮，硬是打开了中国的大门。可见，只有存在好的制度，科学技术才能真正成为生产力。

第五，制度可以把管理者从规则中解放出来。一个完善的制度像是锋利的刀，可以为你斩断一切纷扰。我们在前面也曾经讲过，完善的制度能使现代企业纷繁复杂的事务处理变得简单，企业管理者不再需要将大量宝贵时间耗费在处理常规事务中。这样，常规事务的处理也变得有章可循，企业的工作可以处于一种有序的状态中。

第六，更容易吸引优秀人才加盟。一方面，规范的制度本身就意味着需要有良好的信任作为支撑。在当今社会信任普遍处于低谷之时，具有良好信任支撑的企业在人才竞争中很容易获得优势。另一方面，规范的制度最大限度地体现了企业管理的公正性和公平性，人们普遍愿意在公平、公正的环境下参与竞争和工作；同时规范而诱人的激励制度也是企业赢得人才争夺战的最为有力的武器。

第七，企业规章制度有法律的补充作用。企业的规章制度不仅是企业规范化、制度化管理的基础和重要手段，同时也是预防和解决劳动争议的重要依据。鉴于劳动关系中劳动者和用人单位之间的从属关系，由于国家法律法规对企业管理的有关事项一般缺乏十分详尽的规定，事实上用人单位依法制定的规章制度在劳动管理中可以起到类似于法律的效力。所以用人单位的合法的规章制度在此起到了补充法律规定的作用。

可见，制度的完善对现代企业有着十分重要的意义和作用。运用好制度这个工具、武器和手段，努力推进制度化建设，才能够让自己的企业发展壮大，走向成功。

蜜蜂小语

一个企业就是一个大的团队，一个团队要成功离不开制度，制度的执行与实施尤为关键。蜜蜂经过亿万年的进化，其团队力量越来越壮大，究其根本，都离不开其制度的贯彻与实施。

制度面前人人平等

制度面前应人人平等，一视同仁，“王子犯法，与庶民同罪”，只有这样，制度才能得到执行，才能实现“制度管人”。

任何一个想获得大成功的企业，都必须严格管理，做到令行禁止。绝对不能不遵守制度，或把制度当成摆设。管理者只有做到制度面前人人平等，才能推动事业的发展。

对违反制度的人，如果因为某个原因而例外，会毁掉过去辛苦建立的制度甚至整个组织。所以，只要是违反法律法规，都要受到相应追究，功是功，过是过，功过不能抵消，制度面前，人人平等。

日本伊藤洋货行的总经理岸信一雄是个经营奇才，但他居功自傲，不守纪律，屡教不改，董事长伊藤雅俊最终下决心将其解雇，杀一儆百，维护了企业的秩序和纪律。

战功赫赫的岸信一雄突然被解雇，在日本商界引起了不小的震动，舆论界也以轻蔑尖刻的口气批评伊藤。

人们都为岸信一雄打抱不平，批评责怪伊藤过河拆桥，将三顾茅庐请来的岸信一雄给解雇，是因为他的经验和能力被全部榨

光了，已没有利用价值了。

在舆论的猛烈攻击下，伊藤雅俊却理直气壮地反驳道："秩序和纪律是我的企业的生命，也是我管理下属的法宝，不守纪律的人一定要从重处理，不管他是什么人，为企业作过多大贡献，即使会因此降低战斗力也在所不惜。"

岸信一雄是由东食公司跳槽到伊藤洋货行的。伊藤洋货行以从事衣料买卖起家，食品部门比较弱，因此伊藤才会从东食公司挖来一雄，"东食"是三井企业的食品公司，一雄对食品业的经营有比较丰富的经验和能力。干劲十足的一雄来到伊藤洋货行，宛如给伊藤洋货行注入了一剂兴奋剂。

事实上，一雄的表现也相当好，贡献很大，十年间将业绩提高数十倍，使得伊藤洋货行的食品部门呈现出一片蓬勃的景象。

从一开始，伊藤和一雄在工作态度和对经营销售方面的观念即呈现出极大的不同，随着时间推移，裂痕越来越深。一雄非常重视对外开拓，常多用交际费，对下属也放任自流，这和伊藤的管理方式迥然不同。

伊藤是走传统保守的路线，一切以顾客为先，不太与批发商、零售商们交际、应酬，对下属的要求十分严格，要他们彻底发挥他们的能力，以严密的组织作为经营的基础。伊藤当然无法接受一雄的豪迈粗犷的做法，伊藤因此要求一雄改善工作方法，按照伊藤洋货行的经营方式去做。

但是一雄根本不加以理会，依然按照自己的方法去做，而且业绩依然达到了良好水准以上。充满自信的一雄，就更不肯修正自己的做法了。他居然还明目张胆地说："一切都这么好，说明这路线没错，为什么要改？"

为此，双方意见的分歧越来越严重，终于到了不可收拾的地

步，伊藤看一雄不会与他合作，于是干脆痛下杀手把他解雇了。

对于最重视纪律、秩序的伊藤而言，食品部门的业绩固然持续上升，但是他却无法容许“治外法权”如此持续下去，因为，这样会毁掉过去辛苦建立的企业体制和经营基础，也无法面对众多的下属：从这一角度来看待这一事情，伊藤的做法是正确的，板起面孔对违反规则者勇敢地说“不”是必要的。

作为规定的执行者，对违反了企业规章制度的人，不论这个人是企业的最高领导，还是受最高领导赏识的优秀管理者，都应该坚持照章办事，给予其应得的处罚，而不应该“法外开恩”。

大众出租在上海创立之初，上海的出租车行业正处于鼎盛时期。因为收入可观、社会地位高，许多人争相加入大众，其中不少人还很有背景。当他们违纪时，说情者对公司或晓之以“情”，或诱之以利，这就给公司的管理带来了阻力。

1989年，公司有个驾驶员在营运中私自调换了乘客付车费的兑换券，被公司检查人员查到。公司条例规定得很明确，这属于“一枪头”范围，驾驶员将被除名。根据规定，公司当即做出处理：与驾驶员解除劳动合同。

正当公司准备宣布决定时，有人提出反对。理由是大众刚成立时，农业银行的贷款曾给予了他们极大的支持，而能够顺利获得贷款，农行的一位处长起了关键性作用。现在违纪的驾驶员正是该处长的亲戚，这样处理的确有点儿不近人情，但如果不按规定处理，“一枪头”的威慑力何在？制度的严肃性何在？

分管领导一时也左右为难，便向公司总经理杨国平汇报了前因后果。与此同时,农行的那位处长也得知了亲戚因违纪将被公司除名的消息。他急匆匆赶到公司，找到了总经理。杨总经理面对着曾给予大众热情帮助的朋友，惋惜之余，更多了几分为难。

处长为大众的发展出过力，这是他第一次请求大众的帮助，大众能拒绝他吗？但如果接受了他的请求，今后“一枪头”还怎么推行？从严管理从何说起？思前想后，杨国平总经理还是毅然做出了决定：一切按照制度办理，与该驾驶员解除劳动合同。

很多著名企业之所以能发展壮大，归根结底就在于他们不仅有完备的制度，而且能在执行制度时既严格又细微。在海尔集团，所有的工作人员走路都必须靠右行；在离开座位时，必须将椅子归位，即要把椅子推进桌洞里，否则，都将被处以罚款。

在蒙牛集团，不仅工作人员自己不得在厂区吸烟，还得保证你带来的客人也不能在厂区吸烟。如果有客人在厂区吸烟，是谁带来的客人谁就要因此而被处以罚款，因为任何一个工作人员都有义务去提醒客人不能在厂区吸烟。有一次，蒙牛老总牛根生的客人在厂区吸烟了，牛根生照样交了罚款。

美国IBM公司有个规定，只有身挂蓝色识别牌的人员才能进入厂区。一天，该公司董事长带着客人去厂区参观，走到厂区门口的时候，被警卫拦住了。警卫上前行礼然后说道：“对不起，先生。您不能进去，您的识别牌不对。”原来，包括董事长在内的所有工作人员进出IBM公司总部的行政区，必须佩戴粉红色的识别牌。董事长和他的客人在进厂区之前忘记把粉红色的识别牌换成蓝色的，所以被警卫拦了下来。此时，董事长的助理指着董事长对警卫喊道：“这是董事长！”而警卫回答说：“规定对任何人都没有例外，这是公司对我们的教育。”董事长对警卫笑着说：“你做得非常正确。我们马上就换识别牌。”于是，所有的人都把粉红色识别牌换成了蓝色识别牌。

每一名优秀的管理者都应该做到有令必行、有禁必止。严格执行制度，无论谁违反制度都要做到不徇私，不纵容，做到制度面前人人平

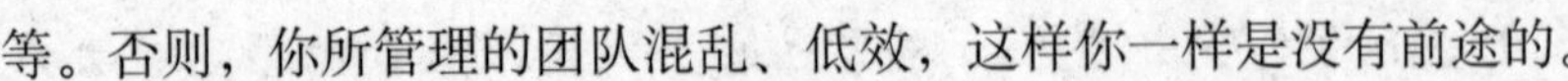

等。否则，你所管理的团队混乱、低效，这样你一样是没有前途的。

在组织的管理中，规章制度如果对一个人开了绿灯，那么必将还会对第二人、第三个人开绿灯，长此以往，组织的规章制度终究会成为一纸空文。只要有一部分人不遵守交通规则，交通就会出现混乱。同样，在组织的管理中，只要有几个人不遵守规则，组织就不会安然无恙，管理就会出现混乱，业绩就会下滑，直至亏损、关门大吉。管理者要谨记，只有依靠制度企业才能保证正常有序地发展，才能把企业做大做强。

蜜蜂小语

制度面前，人人平等。制度要针对全体员工，不给任何人搞特权的机会。如果制度因人而异的话，就失去其存在的意义。蜜蜂们就深知其理，故其团队才会不断壮大。

蜜蜂法则九

快乐工作，万千烦恼皆抛下

在工作中，有的人每天愁眉苦脸，讨厌手中所做的工作，视其为惩罚，于是他们的人生就是一场漫长难熬的苦役。而有的人每天欢欢喜喜，热爱他们所做的一切，视其为享受，于是，他们的生命就是一支悠扬动听的歌谣。烦恼是自找的，快乐也是。快乐与否，要看自己的选择，你选择了快乐，你的人生就充满了快乐的音符。

工作是上天赋予的快乐使命

工作的意义是什么？有些人认为工作只是一种生存的手段，之所以要工作，不过是通过工作赚取报酬。所以，这种人很难从工作中体会到快乐，工作不过是个无休止的无聊之事，每天重复，生命就在这种无可奈何中沉沦，时间就在这种无休止中耗费。

而对另一些人来说，工作则是一种享受，是快乐的源泉，是幸福的保障。工作使人生机遇增加，生活绚丽多姿、回味无穷。就如同诺贝尔物理学奖获得者弗兰克所说的：“人所需要的不是快乐本身，而是快乐的理由。”工作就是制造快乐的源泉。抱有这种工作态度的人，是充满生活睿智的人，对工作也有最可贵的认知。

然而，工作毕竟是工作，你每天做什么并不取决于自己，而是你的上司。即使当初选择的这份工作是你喜欢的，也不代表工作的每个具体环节你都会喜欢，总有一些重复性的、属于无奈的、又不得不做的任务存在。这时你将如何面对呢？

保持一种健康积极的“心态”是至关重要的。当然这里有一个前提，就是要选择一份自己大体上喜欢的工作来做，然后，努力从中去寻找乐趣，并建立自己独特的处事风格。

陆文在大学里读的是中文，现在所从事的工作也与文字有关。每天他都要处理大量的文件和资料，难免遇到许多操作性的事务重复再重复。每到这时，他喜欢为自己泡一杯茶，用五分钟

静气凝神，以达到“虚境”的状态，而后集中精力来处理这段工作，在最短的时间内结束战斗。交完工后，他才信步回到自己的“格子”里，开始思如泉涌、充满热情地继续那部分自认为可以充分发挥创造力和显露个性特色的工作，从中找到自信并感觉到“自我”的存在。同时他也喜欢当上司批改完他的文件时，那种满意而赞赏的目光。

刚做旋车工的萨姆尔·沃克莱日复一日的工作就是旋螺丝钉，看着那一大堆等待他去旋车的螺钉，萨姆尔·沃克莱满腹牢骚，心想自己干什么不好，为什么偏偏来旋螺钉呢？他想过找老板调换工作，甚至想过辞职，但都行不通。最后他寻思能不能找到一个积极的办法，使单调乏味的工作变得有趣起来。于是，他和工友商量开展比赛，看谁做得快，工友和他颇有同感。这个办法果然有效，他们工作起来再也不像以前那样乏味了，而且效率也大为提高。不久，他们就被提拔到新的工作岗位。后来，沃克莱成了著名的鲍耳文火车制造厂的厂长。

国外一家报纸曾举办过一次有奖征答。题目是“在这个世界上谁最快乐？”从数以万计的答案中评选出的四个最佳答案是：作品刚完成，自己吹着口哨欣赏的艺术家；正在筑沙堡的儿童；忙碌了一天，为婴儿洗澡的妈妈；千辛万苦开刀之后，终于救了危急患者一命的医生。

看来，工作着的人是最快乐的。确切地说应该是：正从事自己喜爱的工作的人是最快乐的。而从另一个角度来说，不快乐的人，往往是生活中没有自己喜爱的事可做的人。

我们常常认为只要准时上班、按点工作，不迟到、不早退就是完成工作了，就可以心安理得地去领所谓的工资了。可是，我们的工作很可能是死气沉沉的、消极被动的。重要的是我们能不能用一种新的目光来打量工作，从中找到新的兴奋点，点燃工作激情。

工作在现代人生活中的分量越来越重，甚至成为衡量成功的重要准则。不管你为哪家企业、哪个组织工作，最好的方法就是把工作当成上天赋予的快乐使命。在今天，享受工作乐趣的方法很多。科学家、运动员、艺术家、音乐家或演员都是以工作为乐的人。如果你要快乐地工作，最好的方法就是将它视为一种终生的成长历程。

中国男足的前主教练米卢就一直倡导“快乐足球”，要求球员把踢球当成一种快乐的享受，用快乐的心态去踢球，那更能让人体会到足球的美好。同样的道理，如果我们都能把工作当成一种快乐的享受，用快乐的心态去工作，那么就没有什么困难不能被克服，没有什么障碍不能被超越。

在工作中偶尔遇到挫折时，我们有时会觉得力不从心或者无能为力，因此对工作产生厌烦，进而对生活失去了激情，觉得人生不过是一场无聊的游戏。其实那只不过是一个借口，或者说是对工作的曲解。罗曼·罗兰曾说过：“一个人被时代淘汰的最终原因，不是年龄的增大，而是学习激情的下降，工作激情的缺失。”如果一个人对工作失去了兴趣，尽管你的面容青春，但精致妆容下的苍老的心已经不可避免地突现出来，人生自然也少了激情和快乐的意义。

因此我们应该用积极的心态去享受工作，不论拥有一份什么样的工作，不论身处什么样的环境，我们都应该用快乐的心态，用良好的情绪来面对、来接受。古人云：既来之则安之。当你一旦有了快乐的心态，工作自然更加投入，工作相应也更加完美。工作完美了，生活就快乐了，心态也就更加轻松愉快了。

在美国就有一个这样的真实的故事。

格兰特是一家五金商店的小职员，每周只能赚2美元。刚进店时，老板就对他说：“你必须对所有细节轻车熟路，这样你才能成为一个对我们有用的人。”

“一周2美元的工作，还值得认真去做？”与格兰特一同进店

的年轻同事不屑地说。然而，这个简单得不能再简单的工作，格兰特却干得非常用心。

年轻的格兰特注意到，每次老板总要认真检查那些进口的外国商品的账单。由于那些账单使用的都是法文和德文，于是，格兰特开始学习法文和德文，并仔细研究那些账单。

一天，老板在检查账单时突然觉得特别劳累和厌倦，看到这种情况后，格兰特主动要求帮助老板检查账单。由于他干得实在是太出色了，以后的账单自然就由他接管了。

一个月后的一天，老板对他说："格兰特，公司打算让你来主管外贸。这是一个相当重要的职位，我们需要能胜任的人来主持这项工作。目前，在我们公司有20名与你年龄相仿的年轻人，只有你看到了这个机会，并凭你自己的努力，用实力抓住了它。我在这一行已经干了40年，你是我亲眼见过的三位能从工作琐事中发现机遇并紧紧抓住它的年轻人之一。"

格兰特的薪水很快就被涨到每周10美元。一年后，他的薪水达到了每周180美元，并经常被派驻法国、德国。老板评价他时说："格兰特很有可能在30岁之前成为我们公司的股东。他已经从平凡的外贸主管的工作中看到了这个机遇，并尽量使自己有能力抓住这个机遇，虽然做出了一些牺牲，但这是值得的。"

能够从日复一日的工作中发现机遇是非常重要的，尽管机遇所带来的近期回报可能很少，甚至微不足道，然而，我们不能把眼光局限在自己得到了什么，而应当看到"我们能够得到这个机遇"本身的价值。现在的许多年轻人都不会像格兰特那样愿意接受每周2美元的工作，因为他们觉得自己的付出，远远大于所得到的美元。但事实上，正是这份每周2美元的工作为格兰特每周180美元的工作奠定了基础，并为格兰特最终成为公司最年轻的股东奠定了基础。

成功者不需要编织任何借口，缺少机会，则往往是不愿意付出努力的人用来原谅自己的借口。

所以把工作当作享受，其实是一种明智之举。让我们把困难当成磨炼的机会，把压力当成一种动力，把烦恼当成思考和探索的媒介，那么我们自然能享受工作，把工作当成是上帝赋予我们的快乐使命。并用快乐、积极的心态去看待身边的人和事，去对待我们的生活。

让我们快乐地工作，那么这种工作的快乐最后就会变成我们生活快乐的源泉，也让我们能更加快乐地生活，并且享受这种快乐的生活。

蜜蜂小语

辛勤的小蜜蜂们仿佛永远都是一群快乐的小天使，它们不辞辛劳，每天穿梭于姹紫嫣红的花丛中辛勤地工作着，它们把工作看作是上帝赋予它们的快乐使命，不厌其烦，乐在其中。

好生活源于好好工作

工作是生活的基础，是我们赖以为生、独立生存的保障。认真工作，不单是为了企业，还是为了自己、为了家人，为了一切爱我们与我们所爱的人。有了工作，就有了保障，就有了保障幸福的可能。工作能够使我们的生活得到升华，工作能使我们更好地向父母表达孝心，工作能使我们更多地向妻儿表达爱心，工作也能让我们学会担负责任，所以要好好工作，因为好生活源于好好工作。

弋阳进公司后换过多个部门，经历过不同岗位，这当中自然有他喜欢的，也有他不乐意干的。可每个职位，弋阳都做得非常

到位，赢得众人交口称赞。还是来听听弋阳自己怎么说的吧。

“也许我这人从小比较乐观而且容易知足，所以很容易从工作中发现乐趣，并从中获得成就感吧。当然，我觉得最有成就感的还是在销售部的那段日子。为客户提供周到的服务，帮他们解决问题，月底打印业绩报表，发现业绩远远超过了自己的预期，那种感觉实在是太妙了。后来做了老总秘书，说实话，那可能是最难找到成就感的差事了。琐碎又杂乱，有时和打杂没什么两样。不过话说又回来，我一样可以感到高兴。看着老总开开心心的，不用为这些小事伤神郁闷，自己也跟着开心。老板要是生气了，还不是我倒霉？这样一想呢，就算是帮他打杂吧，那也得好好干，免得自己跟着郁闷。

“当然，在老总身边的日子，我也学到了不少东西，至少了解了他处理问题的一些方式方法。以后我要遇见了这种情况，也知道怎么处理了。

“现在我又负责招聘工作，很好玩的，说得好听点就是猎头。

“还别说，还挺有成就感的。公司的几个主管位置，前段时间一直招不到合适的人。我运气真不错，来人事部没多久，一下子就全招到了。我自己非常得意，感觉自己就像慧眼识英才的伯乐。

“有人问我为什么总是这样开心，我也说不上所以然来。我记得我妈说过一句话：事情是死的，人是活的。所以我想，无论做什么工作，工作本身是死的，但做事的人是活的。关键就看自己怎么想了，只要你愿意，总能找到好的一面。你说我是阿Q精神，我不介意的。不管什么样的工作，能够完成，就会有成就感，这是我的理解。”

若是有人真以为弋阳是“阿Q”，那他这个人确实无药可救，要知道，弋阳的心态与敬业态度，恰是成就个人职场生涯的最佳保障。如果

我们的职业正是我们喜欢的，那是非常幸运的事情，但现实生活中，不可能事事都如意，也不可能都找到自己喜欢的工作。美国旅行者集团总裁桑迪威尔说过："假如你热爱工作，那你的生活就是天堂；假如你讨厌工作，那么你的生活就是地狱。"并非是我们所做的工作让我们讨厌，而是我们讨厌了我们的工作。

当我们感觉到自己所做的工作是千篇一律、乏善可陈的时候，事实上是我们自身的心态发生了变化，是我们对自己的要求降低了。我们不再思求进取、考虑创新，工作成了重复劳动的代名词。其实不是某个工作本身多姿多彩，而是我们的工作态度让这个工作多姿多彩。

想想我们当初选择这个工作的时候，谁不是满腔热情？看看那些刚刚进企业的新同事，他们和我们多么相像，为什么要让岁月来磨灭我们对这份工作的热爱？来磨灭我们的激情？如果每个员工都对自己的工作失去激情，那么每个人的工作都不会再有任何的创新，企业的发展步伐必然落后于人。企业没有发展，我们的薪酬待遇自然上不去，到最后企业要么换血，要么关门倒闭，不论如何，对员工都是没有任何裨益的。

有三个人在砌墙。有人过来问他们："你们在干什么呀？"

第一个没好气地说："你没看见吗？砌墙！"

第二个笑了笑，说："我在盖一栋高楼。"

第三个则哼着小曲儿，笑容满面地告诉来人："我呀，正在建造一座城市呢！"

多年以后，第一个人还是一名建筑工人，干着日晒雨淋的体力活儿，仍旧整日抱怨着他的建筑工作。第二个成了建筑工程师，坐在办公室里面画图纸。第三个则成了他们两个的老板。

同样是砌墙，因为态度不一样，结果就必然不会一样。第一个人整天心怀怨气，砌墙这份工作周而复始地在他的生活中进行，他于是对

这份工作失去了信心，自然也会被工作所“抛弃”；第二个人则要乐观一些，他所看见的就不仅仅局限于眼前的砌墙，而是有了一整栋楼的形状，他对自己工作的热情和期盼可见一斑，对于自己的工作有了更多的想法和考虑，不像其他一般的人只是沉湎于抱怨与牢骚之中，自然，他的成就要胜于前一个人了。第三个人十分热爱他的工作，他无疑是在享受工作，对自己的工作始终抱有极大的热忱与期盼，自然有更高的发展和更美妙的前景。

有许多人最痛恨的一件事，就是工作，因为工作的时候会被太多规章制度所约束，想睡会儿懒觉又担心迟到，想出去旅游又没有假期，肚子饿了又没到下班时间，想睡会儿上司又总在旁边转悠，所以就觉得上班是一件很痛苦的事情，自然他们就很羡慕那些富家的千金、公子。在他们眼中，豪门阔少与千金小姐是不用为任何事发愁的，自有他们的上辈替他们安排好一切，每天想上班就去单位溜溜，不想上班就马上开着跑车出去声色犬马了。

有了这种心理，接下来这位“梦想家”就铁定要对自己的生活开始更多的抱怨。梦想着有一天能过上跟那些公子哥儿一样的生活，想想靠着现在的工作肯定是不可能的，于是就对工作失去了兴趣，感到乏味，便开始挖空心思想着怎么一夜致富、发笔横财之类的美事，终日就把心思用到这上面，却没想到世间哪有这种好事。就这么越是得不到越想得到，弄得终日萎靡不振、郁郁寡欢，到头来不仅发不了横财，恐怕连当前的工作也都保不住，终究是一场空。

其实生活就好像是一碗水，水是清淡而无味的，钱财身价什么的就好比是碗，或者是碗边的花纹，让旁边饮茶的人看着好看，实际上里面装的就是清水。而工作就好像是茶叶，也只有茶叶才能让这碗清水变得有滋有味，闻起来香气扑鼻，喝下去回味无穷。

很多企业都有这样一个口号：“今天工作不努力，明天努力找工

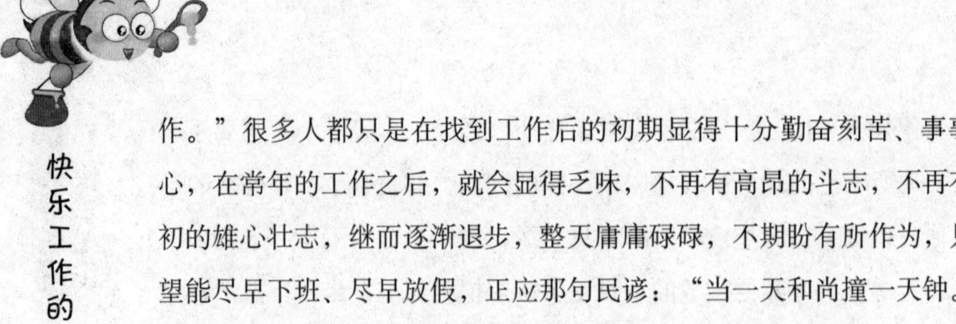

作。”很多人都只是在找到工作后的初期显得十分勤奋刻苦、事事上心，在常年的工作之后，就会显得乏味，不再有高昂的斗志，不再有当初的雄心壮志，继而逐渐退步，整天庸庸碌碌，不期盼有所作为，只希望能尽早下班、尽早放假，正应那句民谚：“当一天和尚撞一天钟。”这样做所带来的消极性的后果是不可估量的，一个人若没有了上进心，工作上不努力，就不会有创新，工作就不会有成就，工作没有成就，事业也就不会有发展。

员工工作不努力，公司的业绩就会停滞不前，公司的发展就会受影响。公司和员工存在着“一损俱损一荣俱荣”的关系，公司倒闭，员工就又要投入到找工作的洪流之中了。

袁隆平一生致力于水稻事业，勤勤恳恳，任劳任怨，若不是他，中国这个人口大国还在为粮食而发愁。如果袁隆平夏天不愿下地，怕日晒雨淋，怕风吹雨打，怕地里的蚂蟥嗜血；冬天蜷在暖和的实验室里，做点小实验然后回家看电视搞点小娱乐，那他能有如此巨大的成就吗？可如果他那样做，谁又会谴责他？谁会把中国人均口粮不足的事情怪罪于他？他作为一名国家科研人员，完全可以高枕无忧地过日子，但是他却选择了终年在田间做试验工作，寒暑不断，最终他造福于民，也为自己赢得了崇高的荣誉。

一个人努力地工作，除了有益于公司、有益于老板，其实，更有益于自己。

道格拉斯是一位采购员，在来到新公司工作之前，他就花了很长的一段时间，学习和研究怎样使本公司赚钱、用最便宜的价钱把货物买进。他在新公司的采购部门找到一个职位后，就非常勤奋且刻苦地工作，千方百计找供货最便宜的供应商，买进上百种公司急需的货物。

可以说，道格拉斯所干的采购工作也许并不需要特别的专业

技术和知识，其他部门提出需要买什么，然后他只要决定到哪儿买就行了，但他兢兢业业地为公司工作，节省了许多资金，他的这些成绩在公司上下是有目共睹的。

在他29岁那年，他为公司节省出的资金已超过80万美元。公司的董事长知道了这件事后，马上就增加了道格拉斯的薪水。他在36岁时就成为了这家公司的副总裁，年薪超过10万美元。道格拉斯能拥有一个好生活，前提是他能够好好工作。

一个人要对自己负责，也要对社会负责，而这一切的开端，便是拥有一份稳定的工作，以及一种健康的、欣欣向上的工作心态。好好工作才能让自己的生活得到真正升华，好好工作才能让自己过上好的生活。

蜜蜂小语

世间几乎每一种生物都追求一种幸福的生活，这种追求并不是每个人或动物能够真正得到，然而，好的生活并不是一种奢望，它需要我们付出努力，好好工作，幸福自然而来，蜜蜂们就深得其法。

乐观是一种态度

乐观是一种态度，乐观两个字说起来很简单，但做起来并不是那么容易的。首先，你必须学会在逆境中发现光明。正如一位母亲告诉他的儿子一样，“天真的很黑的时候，星星就要出现了。”当你快乐时，周围的人受到你的感染，也会感到心情舒爽、开朗，自然喜欢和你亲近。

从前有一个画家叫尤利乌斯，他是一个非常乐观快乐的人，

他总是在画快乐的画，把他的乐观心情表现在画中。

然而遗憾的是很少有人能够欣赏他的画，他画的画销路很不好。但是他却从不为此感到沮丧，总能适当地调整好自己的心情，活得很快乐。

一天，有一个朋友建议他买彩票，朋友对他说道：“你为什么不买彩票呢？只要两马克就能得到很多钱，你就可以再也不用为生计发愁了，做任何你想做的。”

尤利乌斯接受了这位朋友的建议，用两马克去买了一张彩票，幸运的是——他中大奖了。

这位朋友很羡慕他的好运气，开心地去恭喜他，并为他高兴。

尤利乌斯用那一大笔奖金买了一栋大房子，并在房子里面放上一切他喜欢的东西——富丽堂皇的波斯地毯、精致美丽的壁毯、高雅的中国瓷器、典雅的佛罗伦萨家具、美轮美奂的威尼斯水晶灯……

他把一切他以前向往和喜欢的东西都买了下来，把他的新家装饰得美轮美奂，他的朋友见到以后很羡慕，夸赞他的家就像天堂一样美丽。

然而有一天，尤利乌斯在出门前把烟头往地上随手一扔——和他以前住在没有波斯地毯的小屋时一样。等他回来的时候却看见火光满天——他的房子已经没有了，里面美轮美奂的波斯地毯、精致的壁毯、中国的瓷器、佛罗伦萨的家具、威尼斯的水晶灯等全都没有了，在火海中全都化为了灰烬。

他的朋友知道了这个不幸的消息以后来安慰他，他却问道：“我为什么要伤心？”

“你的家没有了啊，你爱的波斯地毯、中国瓷器都没有了啊！”他的朋友遗憾地说道。

他却笑着说：“没什么可伤心的，我只不过是损失了两

马克。”

当你和故事中的尤利乌斯遇到同样的事时，你会怎么想？是像他的朋友一样怨天尤人、悲观痛苦，还是像尤利乌斯一样乐观向上？

乐观是一种生活态度，它能帮助我们快乐每一天。当同一件事发生以后，乐观者会得到快乐，悲观者会得到困苦。就好像两个人同时看到杯子里有半杯水，乐观的人会想：“太好了，我还有半杯水。”而悲观的人却会认为：“真不幸，我只剩半杯水了。”

如果我们从现在起就学习尤利乌斯，在发生不幸的时候多往好的一方面去想，生活会美好很多。否则，生活会越来越不幸。

这个世界上没有绝对的幸与不幸，幸福都是相对的，只是看你有没有乐观的精神。

让我们尝试着像尤利乌斯一样，调整自己的心态，让自己每天都多一点点快乐，这样慢慢地我们就会找到幸福。

只有当你在生活、工作中保持乐观的心态，永远不放弃希望时，你才有可能创造出奇迹。

一位著名的政治家曾经说过：“要想征服世界，首先要征服自己的悲观。”在很多人的人生中，悲观的情绪笼罩着生命中的各个阶段。悲观是一个幽灵，能征服自己的悲观情绪，便能征服世界上的一切困难。人生中悲观的情绪不可能没有，要紧的是击败它、征服它。用开朗、乐观的情绪支配自己的生命，战胜悲观的情绪，就会发现生活有趣得很。

人生在世不如意事常有八九，这是一个不以人的意志为转移的客观规律。倘若把不如意的事情看成是自己构想的一篇小说或是一场戏剧，自己就是那部作品中的一个主角，心情就会变好许多。一味地沉入不如意的忧愁中，只能使不如意变得更不如意。“去留无意，闲看庭前花开花落；宠辱不惊，漫随天际云卷云舒。”既然悲观于事无补，那我们还不如用乐观的态度来对待人生，守住乐观的心境。

父亲欲对一对孪生兄弟作“性格改造”，因为其中一个过分乐观，而另一个则过分悲观。一天，他买了许多色泽鲜艳的新玩具给悲观的孩子，又把乐观的孩子送进了一间堆满马粪的车房里。

第二天清晨，父亲看到悲观的孩子正泣不成声，便问：“为什么不玩那些玩具呢？”

“玩了就会坏的。”孩子仍在哭泣。

父亲叹了口气，走进车房，却发现那乐观的孩子正兴高采烈地在马粪里掏着什么。

“告诉你，爸爸。”那孩子得意扬扬地向父亲宣称，“我想马粪堆里一定还藏着一匹小马呢!”

乐观和悲观的人生态度似乎就在一念之间，乐观的人只会把事情往好的方向去想，而悲观的人呢？即使你给予他再多美好的礼物，他都会忧心忡忡，痛苦不已。所以学会乐观吧，乐观让你的生活充满生机，让你的人生更加绚烂。

蜜蜂小语

乐观的态度可以让人勇敢地面对工作中的所有困难，乐观还可以更好地享受工作，把一项工作都当成是有趣的事，这样不仅快乐了自我，还提高了工作效率，何乐而不为？也许可爱的小蜜蜂们就是这样的吧，所以你看到的永远都是快乐的小蜜蜂。

烦恼只是庸人自扰

生活中，我们会遇到很多烦恼，对此我们应学会坦然面对，如果

一味地忧虑、担心或顾虑重重，到头来吃亏的只能是自己。

有一对老夫妇，他们一辈子都过得很节省，每天都精打细算的，把生活中的每一点小事都算好，绝对不会多花一分钱。

时间匆匆的流逝，很快就到了他们的金婚纪念日。

他们觉得自己节省了一辈子，也没有怎么好好地享受过生活，甚至都没有去国外旅行过，于是准备在金婚纪念日的时候去好好地旅行一番。

但是与生俱来的习惯是很难改变的，他们虽然决定要去旅行一番，但还是免不了要担心钱的问题。

他们不敢坐飞机，因为太贵，所以决定乘船出国去旅行。

他们一狠心买了一张豪华游轮的船票，但是刚上船就有点后悔了，因为这艘船实在是太豪华了！他们看着这艘船昂贵的装修，柔软又大的窗和一切很奢侈的家具，于是想到：这个豪华游轮里面的东西肯定会超级贵！

所以，这对老夫妻过得战战兢兢的，他们不敢到豪华的餐厅里面去用餐，不敢到装修得很华丽的游泳池里面去游泳，不敢到游轮上的电影院里面去看电影，甚至不敢到舞厅里面去跳舞，每天都只能待在房间里面。

直到旅途的最后一天，他们决定狠一狠心去餐厅里面吃一顿饭。觉得反正旅途快要结束了，再贵也贵不到哪里去。

于是，老夫妇到餐厅吃了顿很丰盛的晚餐，觉得很开心，就算很贵也值得了。

吃完以后，他们怀着满意的心情叫服务员过来结账。没有想到服务员听了他们的要求以后愣住了，问道：“老人家，难道你们不知道乘客在船上的所有消费都是免费的吗？全部费用都包含在你们的船费里面了啊！”

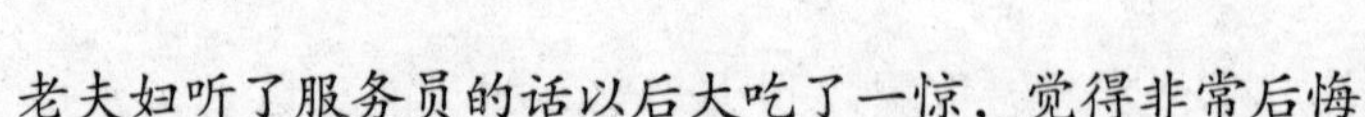

老夫妇听了服务员的话以后大吃了一惊，觉得非常后悔。

我们看了这个故事以后，是否也会替这两位老夫妇感到遗憾呢？他们明明是想省钱的，但是却没有想到自己最后花了钱却没有享受到相应的服务，那实在是太亏了！

生活中，我们也常常会和这对老夫妇一样，在不清楚的情况下就瞎担心，怕这怕那的，充满了烦恼，但是却没有想到，正是因为我们这么烦恼，这么担心，这么小心翼翼，才错过了生活中许多很美好的东西。

我们也为这对老夫妇感到遗憾，他们错过了很多，又何止是船费而已？

旅行的真正目的是什么？不就是让自己观光一下、散散心吗？但是他们却多了很多不必要的烦恼，怕这怕那的，最后终于让自己唯一的一次金婚纪念旅行都充满了遗憾。

在人生中，我们也常常会遇到他们那样的处境，其实，我们根本不必这么烦恼，放松心情去生活吧，烦恼只不过是庸人自扰。

无论是在工作中还是在生活中，遇到烦恼时要果断地决断。不要拖泥带水，这样只是庸人自扰，其实，只要你勇敢地走出一步，一切就可以迎刃而解了，比起你在那里苦思冥想、自寻烦恼要好多了。

蜜蜂小语

世上本无事，庸人自扰之。大多时候事情本身并不是很困扰，而真正困扰我们的是自己的心。只有我们放开自己的心，一切烦恼也就涣然冰释。简单即快乐，蜜蜂的生活就充分体现了这一点。

把工作当成一种乐趣

享受工作中的所有细节，把工作当成一种乐趣，仔细做好工作中的每一件小事，用小事去成就大事，用细节去成就完美。这样的人生，才是我们应该去追求的。

一个旅游景区迎来了一批新的外国游客，当地人纷纷拿出土特产来供游人选购。其中，一位老太太缝制的钱袋造型别致，漂亮而且实用，很快就吸引了很多游客前来购买。

一个日本人趁机想收购这些钱袋，好带回国销售。于是他问老太太："你这个钱袋多少钱一个？"老太太回答说："15块钱一个。"日本人说："那我要300个，能不能便宜一点？"只见老太太皱了皱眉，说："如果你要300个，那我就只能卖给你25块钱一个了。"

"什么？"日本人以为自己听错了，这怎么可能，买得多应该有优惠岂有涨价的道理？

只见老太太笑着说："你想啊，我平时做一点这些小东西只是一种乐趣，钱多钱少我一点都不在乎，但是现在你一下子要300个，那我就必须加班赶工才能做出来给你，这样的话，我就必须付出更多的精力和时间，你难道不应该给我更高的价钱吗？"

日本人一听到这儿才恍然大悟，原来这老太太并不指望赚钱，她只是在享受一个过程，享受工作的乐趣。

如果我们都像老太太一样，把工作视为一种人生乐趣，那么我们又

怎么会感觉到工作是一种负担呢？

“倘若你无精打采地烤着面包，你烤出来的面包就是苦的；倘若你怨恨地酿着葡萄酒，你的怨恨就像往酒里滴了毒液……”上班时，应该用平和的心态去做自己该做的事情，把所做的每一件事都当成一种锻炼，保持内心的愉悦，也许心中就不会有那么多的怨气了。

要享受工作的快乐，就必须保持对工作的无限热情，从心底去尊重并热爱我们的工作。要享受工作带来的快乐，必须保持一个良好的心态，以心灵的宁静作为人生的乐趣和最高享受。要享受工作带来的快乐，不要过分地计较个人得失，要保持一颗对企业感恩的心。

其实生活中并不缺少美，只是缺少发现美的眼睛。只要我们用一种轻松的心态去对待生活，对待工作，我们就能够获得更大的乐趣。

工作是生命的恩典，因为工作给予我们的人生更多的机会，赋予我们的人生更多的意义。我们不要因为暂时的困难、挫折就怀疑工作的意义，我们应该用一颗感恩的心，开始每一天的工作，你会发现：工作也是一件很有趣的事。

工作是生命的恩典，不仅因为工作是我们取得生存最基本的物质条件之一，更重要的还因为工作是我们实现自我人生价值的途径之一。简单地说：知识改变命运，但只有将所学的知识应用到所从事的工作中，我们的命运才得以真正地改变。也就是我们通过工作最终改变了自己的命运。知识赋予我们进行工作的能力，生命赋予我们工作的机会，同样的，工作让我们可以有很多快乐的人生体验。因此我们要珍惜并感恩每一份工作，将工作视为生命的恩典，一旦失去工作，不仅仅表示我们的物质生活将出现危机，还意味着我们将失去很多乐趣。

有这么一个寓言。

以前有个乞丐遇到了上帝，他请求上帝满足他三个愿望，上帝答应了。乞丐的第一个愿望是要变成一个有钱人，上帝立刻满足

了他。成了有钱人后，乞丐又提出第二个愿望，希望自己能年轻40岁，上帝挥一挥手，老乞丐就变成了20来岁的小伙子。乞丐兴奋极了，接着又向上帝提出了他的第三个愿望：一辈子不用工作。上帝也答应了他，结果乞丐又变了回去，成了路边一个脏老头。他不解地问："这是为什么？我为什么又变得一无所有了？"

上帝说："工作是我能给予你的最大祝福了。想一想，如果你什么都不做，整天无所事事，那是多么可怕的一件事啊！只有投入工作，才有生命的活力。现在你把我给你的最大的恩赐扔掉了，当然就一无所有了！"

所以，尽管我们可能遇到的任何一份工作都不能尽善尽美，但每份工作都一定有着各种不同的宝贵经验和丰富资源。像我们在工作中结识的，能与自己共同体验成长喜悦和进步的同事、朋友；曾给予我们帮助、值得我们感恩的客户；不断给予自己机会甚至压力的领导，乃至在工作中遭遇的失败、挫折和沮丧等，这些都是我们从工作中才能获得的感受和可以终身受益的精神财富。

失去了才懂得拥有的快乐，工作同样如此。如果让那些每天抱怨工作无聊无趣又辛苦的家伙们长久不工作，看看会发生什么。

林夏从进公司的那天起，就一直在心里抱怨：薪水太少，职位太低，事情太杂，关系太乱。在她的眼中，自己所做的事情就不是人该干的。林夏最大的梦想就是嫁个有钱人，做个全职太太，不用工作，衣食无忧，每天只是吃喝玩乐。

林夏终于实现了自己的理想，成了一位不用再为钱而工作的阔太太。经历了最初的新鲜与刺激后，每天面对几乎同样内容的奢华生活，林夏忽然怀念起当初在公司打拼的日子：虽然辛苦，虽然有时会被主管与同事刁难，但绝对不会感到空虚无聊。

回想起来，那时虽然不知道下一次会面对什么工作难题，也不清楚会不会招来别人的暗算，可每天晚上一躺下就能睡得很香

甜。反倒是现在的生活会让她时不时地彻夜难眠，偶尔还会担心失去眼下的这一切。具体为什么，自己也说不清楚。

做了两年全职太太后，林夏还是决定“重出江湖”。她开了一家小而精致的精品屋，原本可以雇一个店员的，但她却坚持自己来打理所有的事项。这样一来，她比以往任何时候都显得忙碌。可这回她不再报怨，甚至还乐在其中。有人问她为什么要自讨苦吃，还以苦为乐，她笑得很开心：“苦吗？我不觉得啊。知道吗，工作中的女人才美丽。”

工作能够给人信心，让人的生命显得更加的具有意义，同时又可以带来充实感和快乐。

在当今社会，职业竞争激烈异常，每一份工作的机会都得之不易，因此我们必须珍惜每一次的工作机会。如果终日只知抱怨自己怀才不遇，伯乐不再，而不以一颗感恩的心来对待工作，不积极、不努力地投入工作，就算他有高学历、有丰富的专业知识、有很强的工作能力，他也一定不会有长远和卓越的发展。因为不懂得感恩的人是体会不到工作对于人生的重大意义的。所以我们应该以一颗感恩的心，以一种从容、轻松、坦然又快乐的心情开始每一天的工作，最快乐又充实的那个人，一定是工作最勤奋的那个人。哲学家艾弥尔说过：“是工作使人生有味。”

作为人生一项重要内容的工作，它不应该仅仅只是谋生的手段。因为有了工作，我们的生活才会有目标，而我们才会在目标的指引下不断前进、不断进步。这样生活才更加充实，更有乐趣，更有期盼。所以，工作本身就是一种享受，它是我们人生幸福和快乐的源泉。

蜜蜂小语

蜜蜂之所以能够快快乐乐地工作，就是因为它们把工作当成一种乐趣，乐在其中，自然就不会感觉到劳累，工作也就成为一种享受了。

烦恼是自找的，快乐也是

在生活中，不管是得意也罢，失意也罢，这些都是难以避免的。只要自己能保持一个平和的心态，对自己的能力做出客观正确的评价，就不会对自己一时的得失过于在意。更何况，不管你的能力有多强，无论如何都强不到可以改变历史的进程。

身体对于食物的反应会对身体的健康产生影响，而情绪对于外在刺激所产生的反应，则会严重影响一个人的心理健康。每天，我们所经历的事情，既有愉快的，也有悲伤的，这时候，就需要我们保持一种平和的心态了。

明凯大学毕业后，应聘到一家公司做销售。由于自己十分投入和努力，不仅取得了有目共睹的成绩，而且他的能力也得到了同事和领导的认可。但由于人事上的种种原因，公司一直都没能给他提供一个合适的位置，反而将一些沉重的工作压在了他的身上。

明凯非常不理解，也觉得十分不公平，整天摆出一副怨天尤人的面孔，结果搞得自己的心情也很糟糕。

幸好明凯比较喜欢读书，烦躁的时候，他都把自己埋进书堆

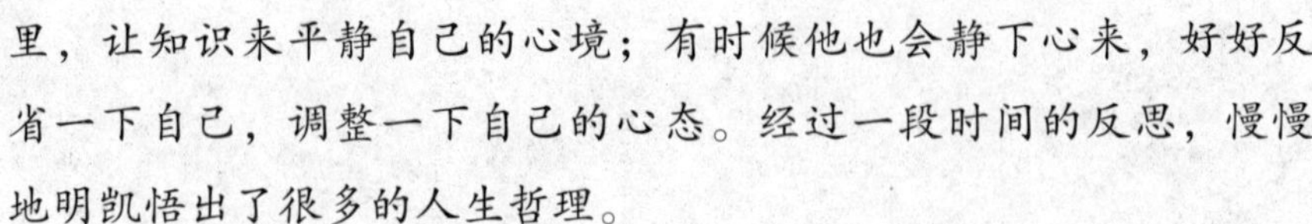

里，让知识来平静自己的心境；有时候他也会静下心来，好好反省一下自己，调整一下自己的心态。经过一段时间的反思，慢慢地明凯悟出了很多的人生哲理。

他明白了：人的一生中，总是要经历一些挫折、失败和打击的，只要换个角度来看待这些事情，把它当作是进一步磨炼自己的机会，那你就能平淡地看待这一切了。

之后，明凯将名利看淡了很多，工作中他尽心尽力，生活中他尽情享受。他那阴郁的脸也逐渐变得阳光起来。

经历了这些事情之后，明凯对生活有了更深刻的感悟，他终于明白了，每个人的一生，总是在得意与失意之中度过的。就像是在大江大河中航行的一叶小舟一样，既会遇到顺风顺水的时候，也会碰到顶风逆水的时候。

的确，人的一生是非常短暂的，我们应该把个人得失看得轻一些、淡一些，好好地享受生活，让自己活得潇洒一些：好好享受一下阳光，让自己享受到亲情的快乐；好好享受一下家庭的快乐，让自己活得自在一些、精彩一些。

快乐和烦恼经常都是一起存在的，希望和失望是一起共存的，选择和放弃也是一起存在的……关键在于你选择哪一个。如果你选择了快乐，你就会拥有快乐；如果将其奉献出来，你得到的依然还是快乐。

当我们用积极良好的心态来面对世间万物的时候，你就会发现，原本不美好的事物都会在瞬间变得开朗舒心起来，我们的心情也会随之焕然一新。正所谓：烦恼是自找的，快乐也是。

有些事情本来是不值得放在心上的，很多人却将其当成是一个无法排遣的烦恼，郁积在心里，以至于整天愁眉不展、叫苦连天。

这就说明，在一个人的一生中，很多烦恼都是自找的。如果想过得快乐，就不要自寻烦恼。俗话说得好：“世上本无事，庸人自扰之。”

很多时候，世界上的事情并不像有些人想象的那样糟糕。

从前，有一个年轻人为了找到可以摆脱烦恼的秘诀而四处寻找。有一天，他在一个山脚下停了下来。在一片绿草丛中，他看到一位牧童正骑在一头牛的背上，逍遥自在地吹着横笛。

年轻人走上前去，问道：“你看起来很快活，能告诉我你是如何摆脱烦恼的吗？”牧童放下手中的笛子，说：“每当我骑在牛背上、吹起笛子的时候，就什么烦恼都没有了。”

年轻人一把夺过牧童的笛子，吹了吹，可是不管用。于是，他又继续向前赶路，重新寻找起来。

走着走着，年轻人便来到了一条河边，他看见有一位老翁正坐在柳荫下。老翁手里拿着一根钓竿，正在垂钓。老翁表现出一副怡然自得的神情。年轻人走上前去，鞠了一躬：“请问，老伯，你能告诉我如何才能摆脱烦恼吗？”

老翁看了他一眼，慢声慢气地说：“来吧，孩子，跟我一起钓鱼吧。那么，保证你就没有烦恼了。”

年轻人跟着老翁一起钓鱼，可还是不管用。于是，他又继续寻找。

不知走了多长时间之后，年轻人来到了一个山洞里。一个老人正独自坐在洞中，脸上露出了满足的微笑。

年轻人深深地鞠了一躬，向老人说明来意。老人微笑着摸摸自己的长胡须，问：“这么说，你是来寻求解脱的？”

年轻人说：“是的！恳请前辈不吝赐教。”

老人笑着问：“有谁将你捆住了吗？”

“没有。”

“既然没有人捆住你，又谈何解脱呢？”

这个故事告诉我们：生活中，本来是没有太多烦恼的，许多烦恼都

是我们自找的，是我们自己捆住了自己。

其实，任世界上的每一个人，都不会携带太多的烦恼。很多时候，我们之所以会感到无奈、忧愁，其实这些都是我们自找的。

不管是在生活中还是在工作中，我们经常会小题大做。一些本来是微不足道的小事，很多时候，会被一些人看成是难以想象的大事，而且经常还会钻牛角尖，总往坏处想。这样一来，那些本来微乎其微的小事，就成了一些人产生烦恼的根源。

对于这些无谓的烦恼，如果能够做到毫不在意，你就会过得无比自在了。要想让自己的人生过得轻松、快乐，就不要自寻烦恼。

喜欢自寻烦恼的人往往都是性格浮躁的人。我们都是性情中人，在每个人的心里，都有喜怒哀乐。遇到不顺心的事时，我们会表现出一种烦恼的情绪，这是可以理解的，因为，每个人都无法避免烦恼的产生。

但是，由于不同的人对待烦恼的态度不同，所以这种烦恼的情绪也就会对不同的人产生不同的影响。

在现实生活中，我们都渴望快乐、需要快乐。可是有很多烦恼总是困扰着我们，给我们的生活带来无尽困扰，快乐的生活似乎总和我们无缘。其实，快乐需要我们自己用心去寻找。只要你主动寻找快乐，相信它将永伴你左右。

蜜蜂小语

快乐需要我们自己去寻找，而烦恼只是庸人自扰。蜜蜂们却不会主动招惹烦恼，它们总是想方设法为自己寻找快乐，因此，它们就成为快乐的小蜜蜂了。